JN040865

写真で見る真空管ミュージアム

201-A 大正の終わりから昭和初期まで多く使われた汎用の直熱3極管．フィラメントはDC 5Vで動作し，6.3Vの蓄電池にレオスタット（低抵抗の可変抵抗器）を用いて電圧を調整して使うことが想定されていた．

26B 直熱3極管の226（ナス管）をST管にしたもの．ハムを防ぐためフィラメント電圧は1.5Vとなっている．主に戦前の「並3ラジオ」の音量を増やすために用いられ，26Bを追加して「並4ラジオ」とされた．この構成には56（27）/26B/12A＋整流管（12B）が多く用いられた．

12A
ナス管の112-AをST管にしたもので，戦前の日本では出力管として多く使用された．これからグリッドを外したものが整流用直熱2極管の12B．

112-A
RCAのデータシートではフィラメントはDC 5Vで動作とされていた汎用の直熱3極管．日本ではAC 5Vで出力管として多く用いられた．

56
カソードが付加された，検波増幅用の傍熱3極管27を改良したもの（ヒータ電圧2.5V）．

ソケット記号は省略

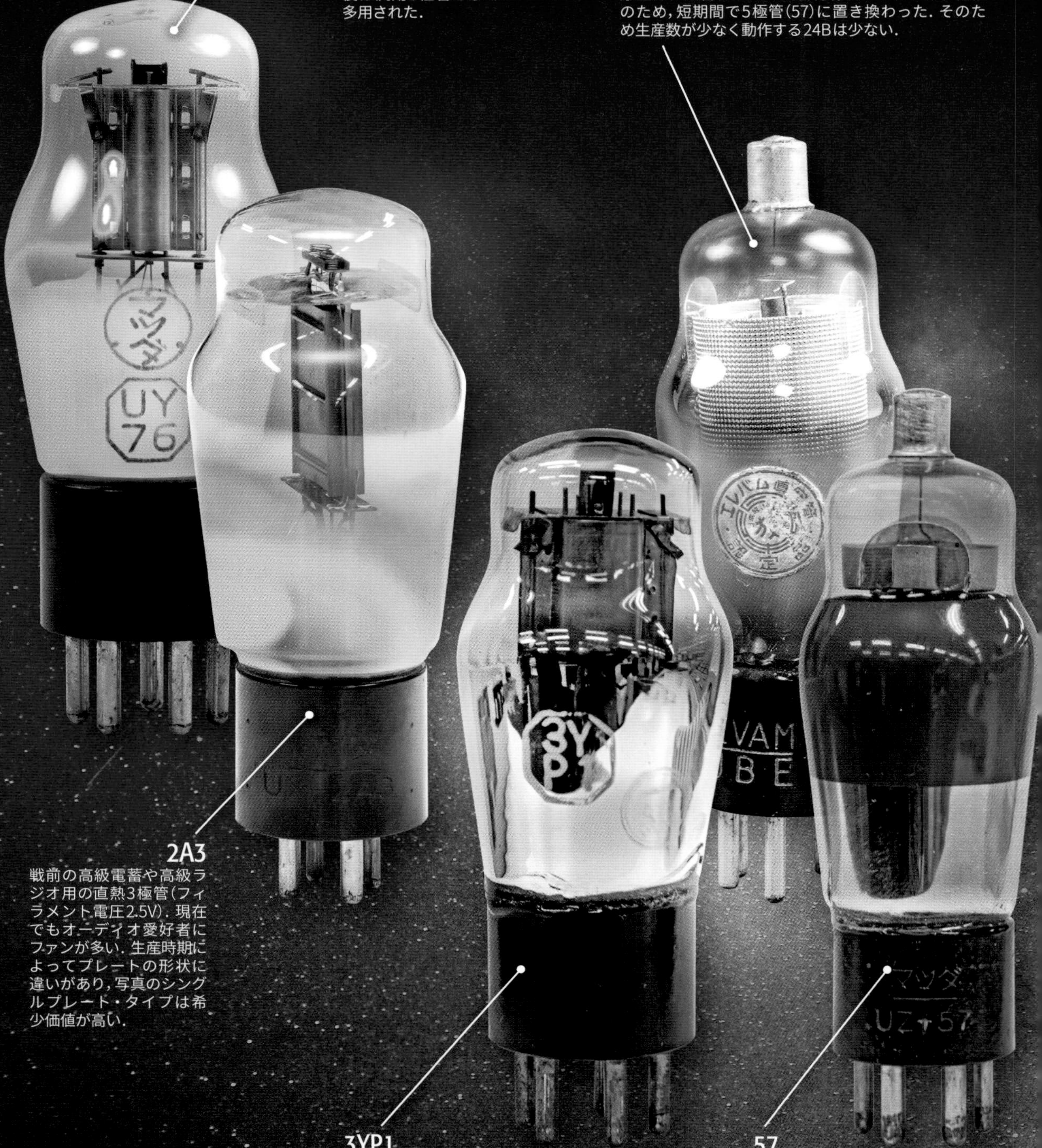

76

56のヒータ電圧を6.3Vに変更したもので，戦後は汎用3極管として多用された．

24B

傍熱3極管にスクリーン・グリッドを追加して高周波特性を向上させた検波増幅用の傍熱4極管（日本独自）．原型はナス管の224．4極管特有のダイナトロン特性のため，短期間で5極管（57）に置き換わった．そのため生産数が少なく動作する24Bは少ない．

2A3

戦前の高級電蓄や高級ラジオ用の直熱3極管（フィラメント電圧2.5V）．現在でもオーディオ愛好者にファンが多い．生産時期によってプレートの形状に違いがあり，写真のシングルプレート・タイプは希少価値が高い．

3YP1

戦前からラジオの出力管として使われた，47B（直熱5極管，フィラメント電圧2.5V）を改良した傍熱5極管（ヒータ電圧2.5V）．47Bの代用として設計され，カソードとサプレッサ・グリッ

57

24Bにサプレッサ・グリッドを付加して傍熱5極管にしたもの（ヒータ電圧2.5V）．コントロール・グリッドへのバイアス電圧で増幅率は変化しない特性（シャープ

6BA6

6SG7GTをMT管とした高周波増幅用の5極管(ヒータ電圧6.3V)でG_m(相互コンダクタンス)が高い(リモートカットオフ特性)のもの．トランスレス用にはヒータ電圧を12Vとした12BA6が用いられた．これも一般的に多く使われた球で名称を記憶している人は多い．

58

可変増幅率真空管(リモートカットオフ管)として設計された傍熱5極管(ヒータ電圧2.5V)．スーパーヘテロダイン式ラジオのIF段を信号強度によってゲインを自動調整するAGC(AVC)に用いられた．

6AU6

高周波増幅用の汎用シャープカットオフ5極管．多用途に使用された球で，Hi-Fi用も製造された．

6BD6

6D6をMT管としたスーパーヘテロダイン式ラジオのIF段に使用されたリモートカットオフ5極管(ヒータ電圧6.3V)．トランスレス用にはヒータ電圧を12Vとした12BD6が用いられた．

6C6

57のヒータ電圧を6.3Vに変更したもの．戦後に多く使われた球．6C6と6D6の名称になじみがある方は多いだろう．

6D6

58のヒータ電圧を6.3Vに変更したもの．戦後のスーパーヘテロダイン式ラジオに使われ，アマチュア無線の受信機製作にも多用された．

6AK5
VHF帯以上まで使用できる高周波増幅用の5極管．主に通信機器に多用された．グリッドディップメータにも使われ，アマチュア無線でも活躍した．

6F6
42をメタル管にした電力増幅用の5極管．RCAのオルソン博士が行った，オーケストラの生演奏と録音再生とを途中で切り替えるデモンストレーション（オルソンアンプ，6F6は3結）に使われたことは有名．

6AR5
41の系譜でラジオの出力管として多く使われた電力増幅用の5極管．トランス式のラジオや電蓄に多く使われ，TX-88では送信管としても使われた．

12BY7A
テレビの映像信号増幅用に設計された5極管．送信機のドライバ管としても多用され，アマチュア無線では有名な球．

42
電蓄やラジオの電力増幅用の5極管．戦後はラジオなどに使用された．特に3極管接続（3結）の音質が評価され，現在でもオーディオマニアに珍重される．

41
ラジオや電蓄の出力管として開発された電力増幅用の5極管で42より一回り小さい．これはGT管の6K6GTとなり，MT管の6AR5へモデルチェンジする．

6ZDH3A

2極管と3極管が1つにパッケージされた複合管（2極3極管）．2極部は検波に用いられ，3極部は低周波増幅の初段に用いるスーパーヘテロダイン用の球．同様の球には2A6や75があり，6ZDH3は2極部を1つとして簡略化し，6ZDH3Aはトップグリッドを廃止したもの．

6BM8

5極管と3極管が1つにパッケージされた複合管．多用途に使われ，オーディオやアマチュア無線でもよく使用された．1本でスピーカをドライブできるアンプとなり，2本でステレオ・アンプを構成できた．ヒータ電圧も8V（8B8）/11V（11BM8）/16V（16A8）/32V（32A8）/50V（50BM8）と多種．

6AV6

75をMT管にした2極3極管．この3極部はとても特性が良く，オーディオ愛好者に珍重される12AX7と同特性．トランスレス用にはヒータ電圧を12Vとした12AV6がある．

12AX7

3極管2つが1つにパッケージされた複合管（双3極管）．オーディオ愛好者に珍重され，現在でも海外で生産されている．

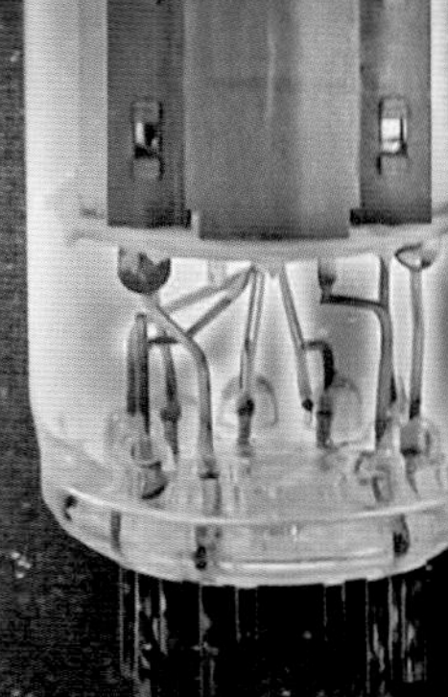

6U8A

5極管と3極管が1つにパッケージされた複合管（5極3極管）で幅広い用途に使用できる．アマチュア無線でも周波数変換やドライバ管として使用された．

6WC5

戦後スーパーヘテロダイン式ラジオの需要が高まり，6SA7GTをベースに民生用の7極管として生産された（GT管 ⇒ ST管）．MT管に切り替わるまでは多くのラジオに搭載された．

6SA7GT

日本ではメタル管を安価に大量生産できなかった．そこでメタル管の6SA7をGT管として生産し，通信機器などに使用した．

6SA7

米国でオールウェーブ・ラジオ用に開発された短波帯対応の7極管．メタル管は特性が優れ，多くの受信機に搭載された．

6BE6

6SA7をMT管とした7極管で，多くの通信機やラジオなどに搭載された．トランスレス用にはヒータ電圧を12Vとした12BE6がある．

12F
エリミネータ型ラジオ用に開発された12Bを改良した直熱2極管（フィラメント電圧5V）．

80
出力電流が大きな高級電蓄やラジオに使用された直熱双2極管．2つのプレートで全波整流が可能となり電源の効率を高めることができた．

35W4
トランスレス5球スーパー用の傍熱2極管で，パイロットランプ用（6.3V 150mA）ヒータ・タップがある．

5MK9
MT管の傍熱2極管．カソードは内部でヒータの片側に接続されている．電源トランスを使用した5球スーパーなど比較的小規模な機器に使用された．

6X4
MT管の傍熱双2極管．2つのプレートで全波整流ができる，カソードはヒータと絶縁されている（耐圧はピーク450V）ため，電源トランスに整流管用のヒータ巻き線がなくても使うことができる．受信機や測定器などに使われた．

807

メタル管の6L6をベースとして開発された高周波電力増幅用ビーム4極管(傍熱管,ヒータ電圧6.3V).C級増幅で数十Wの出力が可能な送信管.1940年頃から日本でも生産されPA用などにも使われた.戦後のアマチュア無線で最も代表的な送信管でTRIO TX-88Aに搭載された.

6JS6

カラーテレビの水平偏向増幅用に開発されたコンパクトロン管.カラーテレビのトランスレス化によって,ヒータ電圧が異なるものが多く生産された(23JS6A/31JS6Aなど).ヒータ電圧6Vの6JS6CがFT-101(FT-101Zを除く)などに搭載された.

6146B

1970年代から1980年代初頭に,多くのアマチュア無線機に搭載された高周波電力増幅用ビーム4極管.定格では60MHzまで使用できる(入力を抑えれば175MHzまで).ピン・コンパチブルな球にS-2001がある.

球で試す小宇宙

現代版・真空管入門

JAØBZC
矢花 隆男
TakaoYabana

CQ出版社

はじめに

私は測定器のメインテナンスや製造ラインなどで使用する検査装置の設計・製造を行い大手メーカーに納入してきました．

ラジオを作り始めたのは中学校1年生の時です．当時は電気回路などは伯父や従兄そしてローカルの友人から教えていただいて勉強したものです．中学生の私でも，実体配線図を頼りに受信機や送信機を作ることができました．

球は私が初めて扱った能動素子であり，職業に就いてからも球への興味と愛着は続きました．球は大変素性が良く，定数を多少間違っても一応の動作はします．

現在は集積度の高い半導体が主流で，その中身はブラックボックスがほとんどです．ブラックボックスがない電子回路の勉強と製作は，今ではアマチュアの特権かもしれません．こうした時代だからこそ，球で遊んでみませんか？ 多くの気付きと感動があることでしょう．

2022年3月　早春

もくじ

第1章 真空管の歴史とその動作

1-1 真空管の歴史

真空管は貴重な素子

世代によって真空管の捉え方は異なると思います．1960年代までに生まれた世代なら，真空管のイメージが脳裏にあることでしょう．1960年代のテレビには真空管が使われており，このあたりが真空管の全盛期でしょう．

真空管はフィラメント（傍熱管ではカソード）から発生する熱電子の働きで動作します．したがって，どうしてもフィラメント（ヒータ）の電力が必要であり，そのために真空管を置き換える増幅装置の開発が急がれていました．

米国のベル研究所で点接触型トランジスタが1947年に完成し，接合型トランジスタが1951年に発表されています．そして1954年に世界初のトランジスタ・ラジオが米国で発売されます．翌1955年にソニーのトランジスタ・ラジオ「TR-55」が発売され，“世界のソニー”を築くことになります．1950年代後半からラジオはトランジスタを使ったものが多くなり，「SOLID STATE」と呼ばれました．真空管から始まったアマチュア無線の世界ではまず受信機（トランシーバの受信部を含む）がトランジスタ化されました．高周波電力を取り扱う送信機も半導体化されてから久しくなりました．現在は一部の高級オーディオや楽器のギターアンプなどを除き，真空管を使った民生品はほとんどなくなりました．

しかし，現在の電子工学の基礎の多くは，真空管を使って築かれています．また真空管は電圧で動作するので，その動きが理解しやすいという利点があります．真空管は決して過去のものではなく，受信機や送信機などの具体的な動作を知ることができる貴重な素子なのです．

電球とエジソン効果

電球は，1878年に英国の化学者スワンがカーボ

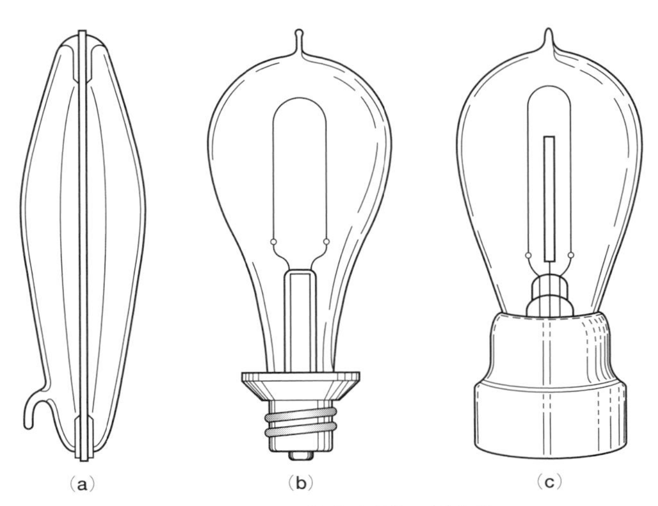

図1　初期の電球（出典：オーム社「電子管の歴史」）

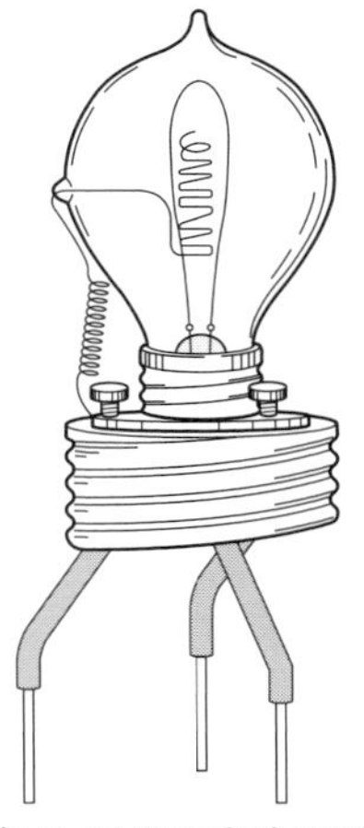

図2　エジソン効果の実験に用いたフレミングの2極電球の一例
（出典：オーム社「電子管の歴史」）

(a) 通電した3極管 UX-250の電極部

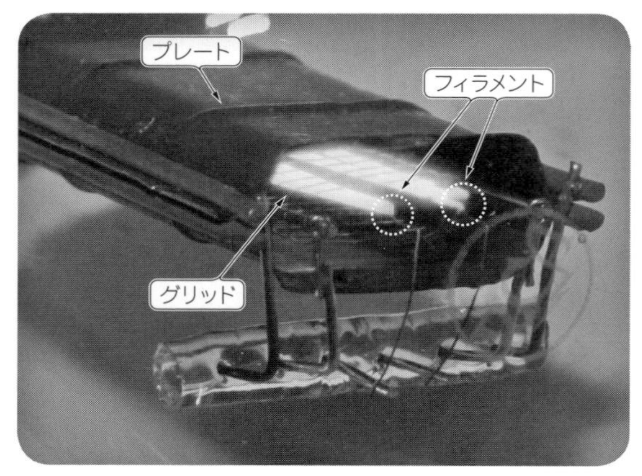

(b) 電極部のクローズ・アップ

写真1　直熱3極管は直接フィラメントから熱電子を放出する
中央部の白い部分がヒータ，巻き線状の線がグリッド，周囲の金属版がプレート

ン紙を用いて初めて点灯に成功したこと［p.5，**図1**(**a**)］と，1879年11月のエジソンの特許出願によって歴史が始まっています．エジソンの電球に京都の竹が使われたことは有名です［p.5，**図1**(**b**)］．

1882年から1883年にかけて，エジソンはこの電球の中に電極を入れて実験をしています［p.5，**図1**(**c**)］．また，1884年9月にペンシルベニア州のフィラデルフィアで万国博覧会が開催され，トムソンヒューストン社の創設者ヒューストンの講演により，この電極とフィラメント間に電流が流れることが発表されました．これを聞いた英国郵政庁の技師長プリースは，後にこれをエジソン効果と名付けています．

独自に2極管の効果を発見したフレミングは，1882年に英国のエジソン電灯会社に入り，後の渡米でエジソン効果を知りました(p.5，**図2**)．そして20年後，エジソン効果が高周波電流の検波に利用できることに突然気が付いたのです．

写真2　マツダのサイモトロン UX-201A

写真3　RCAのUX-280整流用双2極管

■ 3極管の登場

3極管は，2極管の発明の2年後(1906年)の米国電気学会で，米国の発明家ド・フォレストにより発表されました．ここから真空管の歴史が始まります．増幅作用がある3極管はプロやアマチュアにすぐに利用され始めます．増幅によって4,800〜6,400km離れた信号を受信できたと言われています．また，その当時のプレート電圧は22.5Vだったようです［1.5V×15(個)］．

3極管は素晴らしい素子ですが(**写真1**)，電波の領域では大変使いにくいものです．音声帯域では問題なく動作するのに，高周波領域では発振をしてしまうのです．高周波への対応のため，4極管をはじめとする多極管が作られて安定に動作するようになり，1980年頃まで多用されました．

真空管の普及と形状の変遷

真空管は第一次世界大戦後に普及し始めました．1920年頃から米国のピッツバーグに現在もあるKDKA局をはじめとするラジオ放送が開始されます．この時期に，プロの無線局および多数のアマチュア無線家が真空管を利用した受信や送信を始めたのです．その後アマチュア無線のオペレーター資格では放送ができないようになったようです．

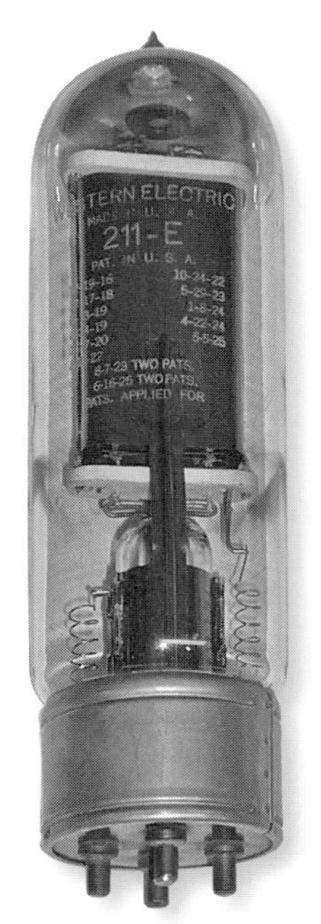

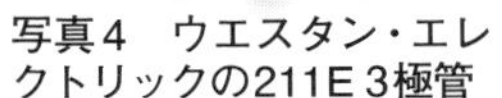

写真4 ウエスタン・エレクトリックの211E 3極管

写真5 整流用2極管KX-12F

写真6 直熱3極管のUX-2A3

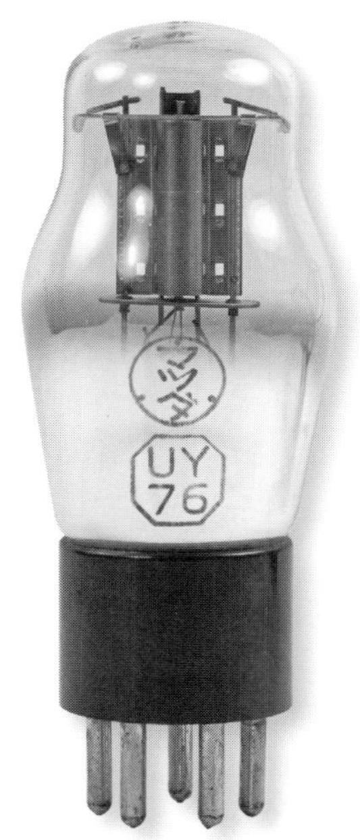

写真7 検波・増幅用の傍熱3極管UY-76

英国でもラジオ放送の試験が開始され，1922年に本放送となり，1927年にBBCとなります．日本では1924年から実験的にラジオ放送が始まり，1925年に現在のNHKとなる東京放送局・大阪放送局・名古屋放送局が設立されて本放送が開始されます．これらの受信用として真空管の需要が一気に高まります．

■ ナス管

初期の真空管は，真空度が低く寿命も短かったようですが，1920年代の中頃になると現在でもまだ使用できる真空管（3極管）が製造されています．真空管の形も，最初期は最後期のMT型と同じチューブラー型などいろいろありましたが，1920年頃にはUX-201などのナス型が主流となっています．

UX-201は日本でも生産され，マツダ（現：東芝）ではサイモトロンと呼んでいました（**写真2**）．筆者が現在でもステレオ・アンプに使っているRCAのUX-280（**写真3**）も当時のものです．送信管の原型となるウエスタン・エレクトリックの211Eを**写真4**に示します．この211Eの改良型であるUV211を使った送信機が，1936年のW6AJFのハンドブックに3.5MHzや7MHzの送信機の製作例として掲載されています．211Dの改良型の211は，SSBリニア・アンプとして150W（プッシュプル）を超えるパワーを得られる，現在でも優れた送信管です．

■ ST管

1932～1933年頃には，ST型（DOME型）へと変更になっています．ナス型は電球の製造装置をそのまま使用したと思われます．おそらく電極の保持が難しかったので，電極保持のしやすい形へと変更したのでしょう．

- **直熱管**

1930年代以降のラジオは，電灯線が使えるエリミネータ型が主流となります．日本では整流管としてKX-12B［その後KX-12F（**写真5**）］がよく使われました．しかし当時は，大電流が必要なA電源（フィラメント/ヒータの電源）を簡単に直流にする技術がありませんでした．

そこでフィラメントを交流で点灯できる直熱管が開発されます．汎用の球であるUX-201を引き継ぐUX-112やUX-226（その後UX-26B）などの3極管も使用されました．

高級ラジオ用として用いられた，現在もオーディオファンに使用されるUX-2A3（**写真6**）も直熱3極管です．珍しい例としては直熱5極管のUY-47B（その後3Y-P1）なども作られました．

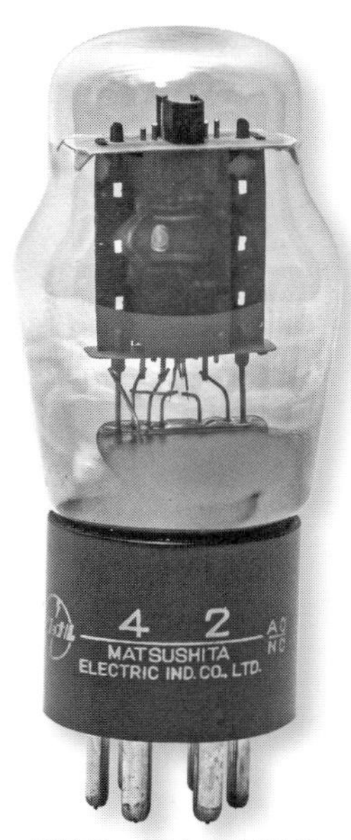

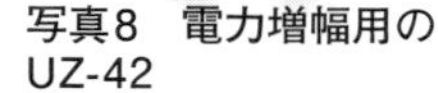

写真8　電力増幅用のUZ-42

写真9　メタル管の6SA7

写真10　GT管の6SA7-GT

写真11　汎用に使える957

• **傍熱管と多極管**

直熱管を交流で点灯すると，どうしてもハムが発生します．またフィラメントを電極として使用するため，電源トランスの中点タップも必要となります．その対応のため，カソードを付加してヒータで熱する方式が傍熱管です．改良型としてナス管の時代にUY-227として開発されます．

代表的なものに傍熱3極管のUY-76（p.7，**写真7**）があります．さらにプレートとグリッド間の静電容量による発振を防ぐために，高周波増幅用の4極管や5極管が登場します．民生用としては傍熱5極管のUZ-57やUZ-58などがよく使われました．アマチュア無線の送信管にも使われた電力増幅用のUZ42（**写真8**）も傍熱5極管です．米国の大都市では民間放送局が数多く設立されたためストレート方式のラジオでは混信が避けられず，スーパーヘテロダイン方式が急速に発達します．この周波数変換用として2A7などの傍熱7極管が登場しました．戦後の日本では急速に6.3V管へ置き換わり，5球スーパーヘテロダイン用は6WC5/6D6/6ZDH3A/UZ42/80などで構成されていました．

■ メタル管とGT管

1935年に米国でメタル管が開発されます．これは耐久性とシールドによる安定動作を目的に開発され，真空管の信頼性が向上しました．ST管とは異なり中央部にガイドピンが設けられ，誤挿入の防止と排気管を保護しています．

ガラス管より製造工程が高度なため，日本では民生用としては製造されず，軍用のみが製造されました．米国でも多くが軍用の機器（1943年に開発された軍用受信機 BC-342など）に使われ，それらは多くの戦線で使用されました．

1938年のロクタル管，同年のGT管と矢継ぎ早に開発されました．GT管はメタル管のベース部を共用しガラス管として量産しやすくしたものです．代表的なものでは，増幅率を変化させられる高周波用の6SK7GTや電力増幅用の5極管6F6GTがあります．GT管はメタル管と同等なものが多く，例えばメタル管の6SA7（**写真9**）はGT管では6SA7-GT（**写真10**）となります．

日本の民生品ではGT管はあまり使われず，ST管から後述のMT管へ一気に世代が変わります．

■ エーコン管

さらに高い周波数で動作させるために，1935年にはエーコン管も開発されます（**写真11**）．電極のサイズを極力抑え，内部のインダクタンスとキャパシタンスを低減させました．コネクタが放射状に広がるタイプです．民生用にはあまり使われませんでしたが，その高周波特性から軍用で多く使われます．日本でも一部が製造されレーダーなどに用

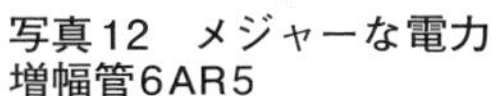

写真12 メジャーな電力増幅管6AR5

写真13 通信機器用に開発された6AK5

写真14 テレビの水平出力管として開発された6JS6

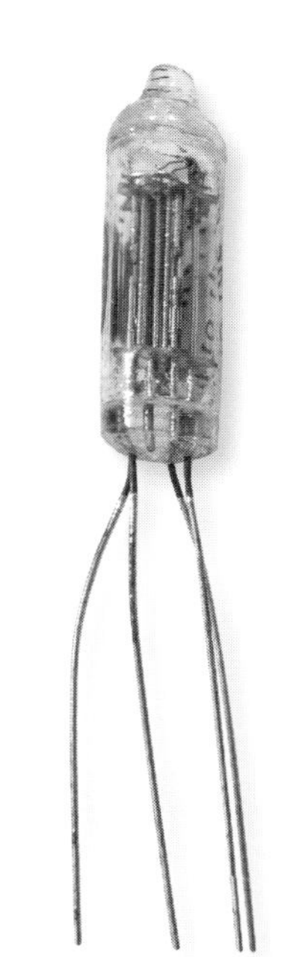

写真15 電波による近接信管（VT信管）に使われたサブミニチュア管

いられています．その後はサブミニチュア管に進化します．

■ MT管

1939年にMT管が開発されます．真空管といえばこのタイプをイメージする方が多いでしょう．これはベース部をガラス管との一体構造にし，さらに小型化を進めたものです．日本では1950年頃からたくさん製造され，6BA6や6AR5（**写真12**）などがメジャーでした．通信機器用として6AK5（**写真13**）や6R-R8など多くの品種が開発されました．

1950年代の後半にラジオやテレビのトランスレス化が進み，12～50Vというヒータ電圧のものが多くなります．トランスレス・ラジオでは12BE6/12BD6/12AV6/30A5/35W4の構成が代表的です．

- **コンパクトロン**

MT管に似た形状で，ベース部がガラス管と一体構造になった比較的大型のものです．これはテレビの水平出力などの大きな電力を扱うために開発されました（**写真14**）．このタイプでアマチュアに有名な品種が，FT-101に採用された6JS6Cです．

- **サブミニチュア管**

MT管の端子をリード線で直接はんだ付けするタイプとしてさらに小型化したものです．米国ではこのタイプの真空管を対空砲弾の信管に組み込んだ，電波による近接信管を1943年に配備しています（**写真15**）．

■ ニュービスタ管

初期の頃に比べると，トランジスタも改良が進んで高周波特性がかなり良くなります．しかし測定器などの分野では真空管に頼らざるを得ない回路がありました．そうした用途に向けて超小型のニュービスタ管（p.10，**写真16**）が開発されます．このタイプが真空管の新規開発の最後となります．

■ ヒータ（フィラメント）電圧の変遷

- **最初は5Vが主流**

ナス管の頃は真空管を電池で動かしていました．フィラメント用としては，鉛蓄電池を3セルつないだ6Vをフィラメント用の可変抵抗器（レオスタット）で5Vに調整して使う201Aなどの5V管が主流でした．省電力型のUV-199などもありました．

- **交流点灯に対応**

交流電源を使えるエリミネータ型のラジオが主流になると，フィラメントを交流で使用するため

写真16　ニュービスタ管6CW4
オシロスコープの初段増幅やトリガー検出回路などに使用された

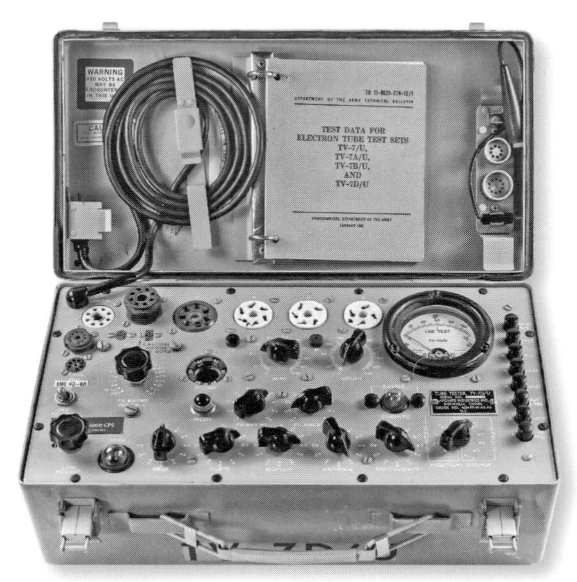

写真17 代表的なチューブ・チェッカー
US ARMY TV-7D/U

に，フィラメント電圧を下げてハムの対策をしたものが多くなります．主流は2.5V（UY-56，UX-2A3，UZ-57，UZ-58など）で，電力増幅用（12A）や整流用（12F）には5Vが使われました．ハムをできるだけ低減するために，増幅用では1.5V（26B）としたものあります．

- **カーラジオへの対応と6.3V管**

米国で自動車の普及が進むとカーラジオの需要も増えました．当時の車載バッテリは6.3Vだったので，6.3V管への移行が進みます．戦後は日本でも6.3Vに移行します．代表的なものとしてUZ-57は6C6に，UZ-58は6D6になって6.3Vとなりました．

- **トランスレスへの対応**

物資の節約やラジオのコストダウンのために，電源トランスを省くトランスレス型のラジオが提唱されました．この対応にヒータ電圧を12Vとして数本を直列に接続する方法が採られました．1950年代の後半になると，ラジオのほとんどがトランスレス型になり，30/35/50Vなどの多くの電圧のものが開発されます．また家庭用テレビのほとんどがトランスレス型なので，それに対応したものも多くありました．

真空管は意外と長寿命

これらの真空管ですが，チューブ・チェッカー（**写真17**）などで動作確認ができれば，今でも使用可能です．フロリダ州フォートマイヤーズにあるエジソンとフォードの博物館には，エジソンが亡くなってからも消えずに点灯している電球があります．

筆者の7MHzをはじめとするHFの受信機は，第二次世界大戦前後に開発された古い真空管を多く使っています．またAMラジオやFMラジオも70年以上昔の真空管を使っています．ほとんどの真空管が長時間の使用に耐えます．なかでも筆者が18年前に製作した6V6GT/Gシングルのオーディオ・アンプは，今でもノントラブルで，BGM用として友人の店で1日約8時間使用されています．

そして筆者の送信設備には真空管のマイク・アンプが付いていますが，24時間電源を通電していても約20年間使えました．アマチュア無線の場合は常時通電されることは少ないため，適正な使い方をすれば一生使えると思います．もしかしたらアマチュア無線家より真空管の方の寿命が長いかもしれません．

昔の（真空管式）業務用送信機や受信機は定期的にチェックをし，不良の真空管を交換していました．また期限を決めてそっくり新しい真空管に交換をしていたのです．その時代に，廃棄される真空管をもらいに，大きなビニル袋を持って地元の放送局へ行ったことは懐かしい思い出です．それらのほとんどが使える真空管でした．

1-2 真空管の動作原理

真空管を動作させる熱電子

真空管は真空中でのフィラメントやカソードからの熱電子で動作します．熱電子は真空中でフィラメントまたはヒータに通電し，フィラメントやカソードを熱することで放出されます．

■熱電子を放出する電極

熱電子を放出する電極によって，直熱管と傍熱管の2通りに分類されます．

- **直熱管はフィラメント**

直熱管はフィラメントから熱電子を放出します．フィラメントは信号が通る電極としても使用されます．

- **傍熱管はカソード**

傍熱管はカソードをヒータで熱することでカソードから熱電子を放出します．ヒータとカソードは電気的に分離されています．ヒータはカソードを熱するための電熱器で，ヒータからは熱電子は放出されません．

■熱電子はプレートで受ける

フィラメントやカソード（陰極）から放出された熱電子は，陰極に対してプレートが⊕の電荷ならプレートに流れます（電流はプレートから陰極に流れる）．これは全ての真空管で共通です．

■熱電子を発生するA電源

陰極には熱電子を発生させる電源が必要で，この電源はA電源と呼ばれます．われわれアマチュアが使う真空管は6.3Vや12.6Vのものがほとんどで，これらの多くは直流と交流の両方で使用できます．

米国でカーラジオの需要が高まった当時の自動車用バッテリの電圧は6.3V（2.1V×3セル）でした．そのため，真空管のヒータは直接蓄電池から利用できる電圧の6.3Vとなりました．そうした背景から，ヒータ電圧は厳密なものではなく±10%を定格としています．また，12.6Vは戦前における標準的な航空機用のバッテリ電圧でしたが，現在では乗用車の標準になっています．

- **電 流**

これはそれぞれの品種で違います．一般的なMT管なら1本当たり0.15～1A程度でしょう．送信管などの電力増幅用では，その電流量に対応するため多くの熱電子が必要です．そのためA電源の電流量が増え，送信管の6146Aでは1.25A，6JS6Cでは2.25Aとなります．

- **フィラメントやヒータの直列接続**

6.3V管を2本直列接続すると12.6Vでも使えそうですが，直列接続には同じ電流の真空管でそろえることが必須です．極端な例として同じ6V管の6U8A（0.45A）と6JS6C（2.25A）を直列接続して12.6Vを印加すると，6U8Aのヒータ電圧は10.5Vで6JS6Cのヒータ電圧は2.1Vとなります．貴重な真空管を壊さないためにも注意が必要です．

- **整流管のヒータ電圧**

整流管には5Vのものが多く見受けられます．理由の1つは直熱型が多かったこと（傍熱型に比べて作りやすかったと考えられる）．もうひとつは，プレート電圧を生成する電源トランスに整流管用のA電源を用意することで，電源回路が単純化されたためと他の真空管と共用する必要がなかったためでしょう．

- **ヒータ電圧の変遷**

日本では軍用などの一部を除き，戦前の真空管はほとんど2.5Vや5Vでした．ハム音抑制のためUX-26Bなどは1.5Vです．戦後になり，スーパーヘテロダイン受信機が普及するに伴って6.3Vになっています．

2極管

■プレートから陰極に電流が流れる

2極管の動作原理は単純です．真空中で陰極を熱すると熱電子が放出されます．熱電子は⊖の電荷を持っているため，陰極に対してプレートが⊕の電荷を持っている場合は，熱電子がプレートに流れます．電子の流れと電流の方向が逆になるので，プレートから陰極に対して電流が流れることになります．

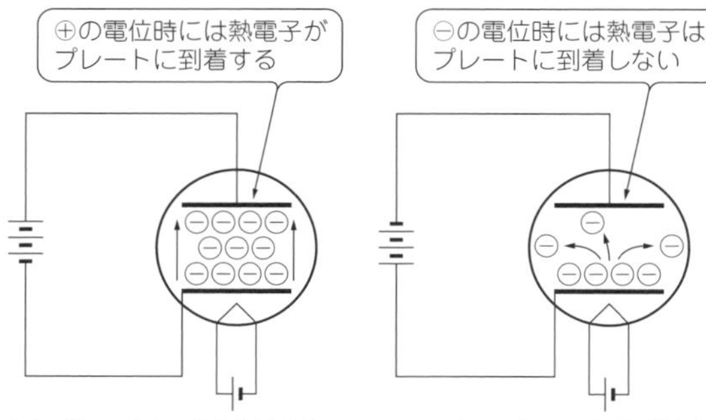

(a) プレートに+電圧が印加されると電流が流れる　(b) プレートに−電圧が印加されると電流は流れない

図1　熱電子の流れ（電流の向きと電子の流れは逆方向）

■ 逆方向の電流は流れない

逆にプレートが⊖の電荷を持っている場合，熱電子はプレートで反発されます．そのため熱電子は到着せず電流も流れません（**図1**）．

言い換えると，プレート電圧が陰極よりも高い場合は電流が流れ，プレート電圧が陰極より低い場合は電流が流れません．これはダイオードと等価で（**図2**），整流回路や検波回路はこの動作を利用しています．なおプレートはアノードとも呼ばれ，ダイオードの電極のアノードとカソードも同様な動作をします．

3極管

フレミングの2極管の発明から約2年遅れた1906年10月25日に，ド・フォレスト（米国）は弱い電流を増幅するための3極管（**写真1**）の特許申請を合衆国政府にしました．この3極管の増幅作用が後の真空管の発展の基となっています（発明当時は発明者自身も3極管の動作原理は分かっていなかったと思われる）．

図2
2極管とダイオード（半導体）

プレート　カソード
||（イコール）
アノード
カソード・マーク

後にグリッドと呼ばれる“格子”も陽極（プレート）と同じく金属板で，カソードやフィラメントの陰極の両側に“格子”と陽極を配置しました．しかし1907年に申請した特許では，網状の“格子”を陰極と陽極の間に配置した構造となっています．それゆえ3極管の発明を1907年とする人もいます．ド・フォレストの3極管はオーディオンと呼ばれ，無線電信の検波に使われましたが，当時の技術では残留ガスの影響をなくすほどの真空度がなかったので，動作は大変不安定だったそうです．その後，真空技術の向上やマグネシウムやバリウムを使ったガス分子を吸着するゲッター［**写真1**（**c**）の金属蒸着部分］注1が発明されて真空度が向上し，長時間使用できるようになり，さまざまな3極管が開発されました．

■ 3極管の動作原理

3極管の動作イメージを**図3**に示します．2極管にグリッドと呼ばれる電極が追加されています．グリッドへ陰極に対して⊖の電圧を印加すると，プレートとカソード間の熱電子の流量を減らすことができます．グリッドと陰極の電圧が同一であれば，熱電子はグリッドをそのまま通ります［**図3**（**a**）］．

(a) ST管

(b) GT管・メタル管・ロクタル管

(c) MT管

写真1　3極管の例

注1：正常なゲッターは金属光沢がある．何らかの不具合で真空度が低下した真空管はゲッター部分が白濁し，見ただけで不良品と判別できる．

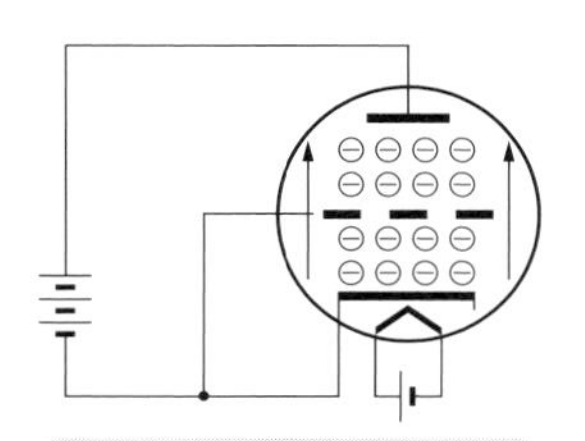

グリッドとカソードの電位が同じ場合は熱電子がプレートに到着する

グリッドが⊖の電位のときは熱電子がグリッドで妨げられ，電圧によってプレートに到着する熱電子の量が変化する

(a) グリッド・カソード間が同電位の場合は，グリッドで熱電子を妨げられない

(b) グリッドに負の電圧が印加されると，プレートとカソード間の電流が減少する

図3　3極管の動作原理

グリッドの電圧が陰極の電圧より低い場合は，⊖の電荷を持つ熱電子がグリッドの⊖電位によって反発してしまい，プレートに到着する熱電子の量が減ります［**図3(b)**］．この作用により，陰極とグリッド間の電圧によってプレートとカソード間の電流量を変化させることができます．これが3極管の増幅作用です．プレートに熱電子がまったく到着しないグリッド電圧はカット・オフ電圧と呼ばれ，この状態では3極管のプレート電流は流れません．また，3極管のプレート電流はプレート電圧とほぼ比例します．

- **プレート電圧と負荷抵抗**

プレートに使用する電源はB電源と呼ばれ，プレートに印加する電圧がB電圧となります．プレート電流から信号を取り出すためには，プレートとB電源の間に負荷抵抗を入れます．プレート電流が流れるとプレート電圧は下がり，プレート電流が0の場合はプレート電圧＝B電圧となります．負荷抵抗の値は使用する真空管と使用する目的によって設定します．

- **グリッド電流**

陰極に対してのグリッド電圧が0V以下なら，グリッドから流れる電流はほとんどありません．陰極に対してのグリッド電圧が0Vを超えると，グリッドから陰極に対して電流が流れます．特殊な増幅(C級増幅)などを除いてグリッドへ電流を流す使い方はしません．

3極管とトランジスタの相違点

■ 入力は真空管は電圧，トランジスタは電流

3極管は，陰極とグリッド間の⊖電圧によってカソードとプレート間の電子の流れを制御します．ト

Column ❶　真空管のソケットの名称について

ソケットの名称(送信管などは除く)をまとめました(**表A**)．

また，真空管のピン配置は真空管の裏側から見て時計回りに1番からピン番号が付けられています(**写真A**と**図A**)．

表A　真空管のソケットの名称

真空管の種類	ピンの数	名 称	備 考
ST管 (step pedtube)	4	UX	
	5	UY	
	6	UZ	日本独特の名称 米国ではスタンダード6ピン
	7(小)	Ut	日本独特の名称 米国ではスモール7ピン
	7(中)	UT	日本独特の名称 米国ではミディアム7ピン
GT管，メタル管	8	US	日本独特の名称 米国ではスタンダード・オクタル
MT管	7	Buttom base	ミニチュア・チューブの略
	9	Buttom base	ミニチュア・チューブの略

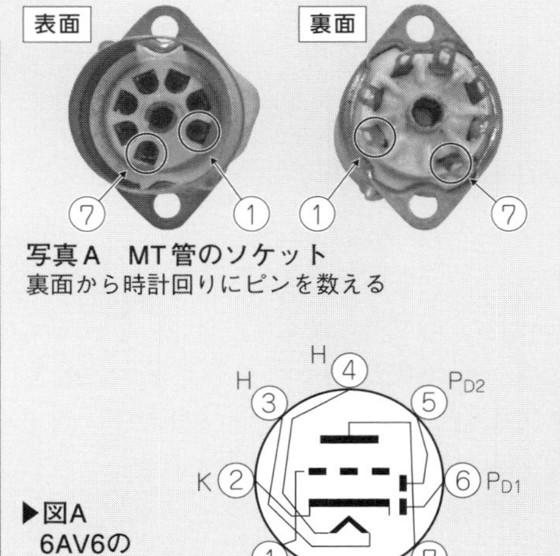

写真A　MT管のソケット
裏面から時計回りにピンを数える

▶図A　6AV6のピン・アサイン

ランジスタは，ベースとエミッタ間の電流（ベース電流）によってエミッタとコレクタ間の電流を制御します．またシリコン・トランジスタでは0.6V程度の電圧がないとベース電流は流れません．

基本的に真空管はグリッド電流が流れないので，入力インピーダンス（入力側の負荷抵抗）がトランジスタよりも高くなります．このため微弱な信号の取り扱いは真空管の方がやさしくなります．

図4
グリッドとプレート間の静電容量（C_{pg}）のイメージ

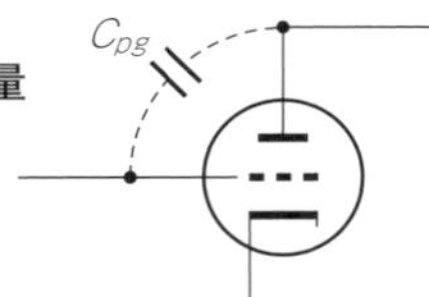

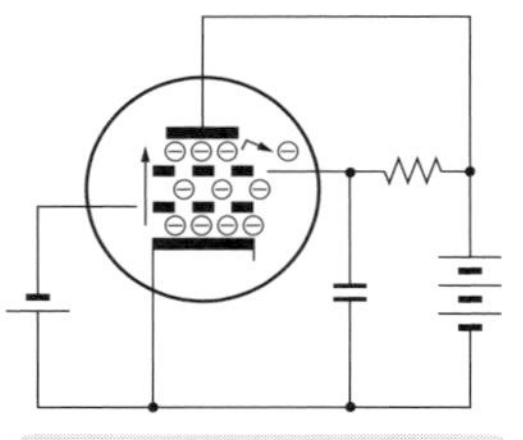

スクリーン・グリッドで加速された熱電子は，一部がプレートで反射される

（a）4極管

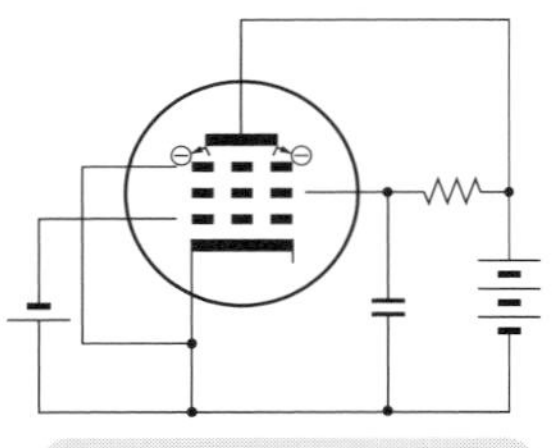

反射した熱電子は，サプレッサ・グリッドに吸収される

（b）5極管

図5　スクリーン・グリッドとサプレッサ・グリッドのイメージ

写真2　4極管の例
高周波増幅用のUY224

B電圧とV_{cc}の電圧変化

真空管ではB電圧，トランジスタではV_{cc}となりますが，この電圧の変化に対して動作が大きく異なります．3極管ではB電圧とプレート電流はほぼ比例します．そのためグリッド電圧が0V時のプレート抵抗がデータとして公表されているものも多くあります．したがって多くの場合，似た特性の真空管との差し替えができます．トランジスタのコレクタ電流はある電圧を超えると頭打ちとなり，これはコレクタ抵抗が電圧で変化することを意味します．増幅率の直線性はトランジスタの品種によって大きく変化するため，トランジスタを使った回路の設計は難易度が高くなります．そのため，同一回路でもトランジスタを他の品種へ替えると動作が変化することが多く，電力を扱う送信回路などでは回路の変更が必要となります．

使用する電圧

多くのMT管などの一般的なB電圧は200～250V程度です．実際には40V以下でも動作し，品種によっては12V程度でも動作します．B電圧を高くすると振幅の振れ幅を大きくでき，結果として増幅率を上げられます．B電圧は最大定格内でアバウトに設定できるのが良いところです．トランジスタのV_{cc}は品種によっては1V程度から設定できますが，使用するトランジスタの特性を綿密に調査したうえで設定することが大切です．

4極管と5極管

音声信号などの低周波であれば3極管でも問題なく使用できます．しかし真空管で高周波を扱う場合の大きな問題は，C_{pg}と呼ばれるグリッドとプレート間の静電容量です（**図4**）．これはグリッドとプレートがコンデンサで接続されることと同じで，小容量でも周波数が高くなると，発振などの不都合が生じることになります．無線通信の発達でより高い周波数での無線通信に対応するため，真空管は多極管と呼ばれる4極管や5極管などが開発されました．

4極管

C_{pg}を少しでも減らすために，プレートとグリッド（以下，コントロール・グリッド）の間にもうひとつグリッド（スクリーン・グリッド）を追加したものが4極管です［**図5（a）**と**写真2**］．スクリーン・グリッドへプレートより低い＋電圧を印加することで，プレートに向かう熱電子を加速させます．

- **スクリーン・グリッド**

スクリーン・グリッドへ電圧を印加すると，熱電子はスクリーン・グリッドに引き寄せられます．この働きによって4極管や5極管のプレート電流は特性が変化します．一般的にはプレート電圧よりも低い電圧を印加します．

スクリーン・グリッドも小さなプレートとして動作

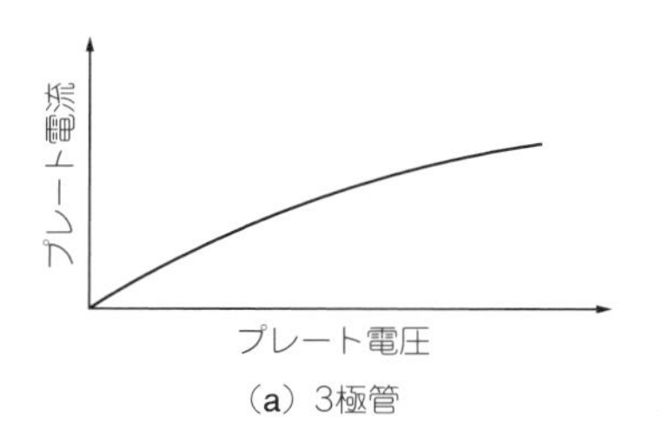

（a）3極管

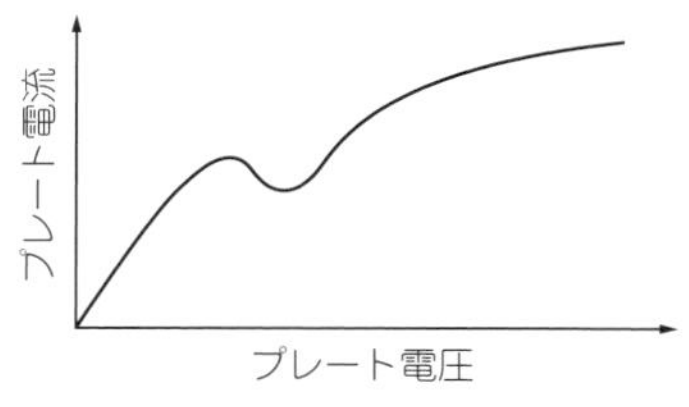

（b）4極管
スクリーン・グリッドに定格電圧印加の場合

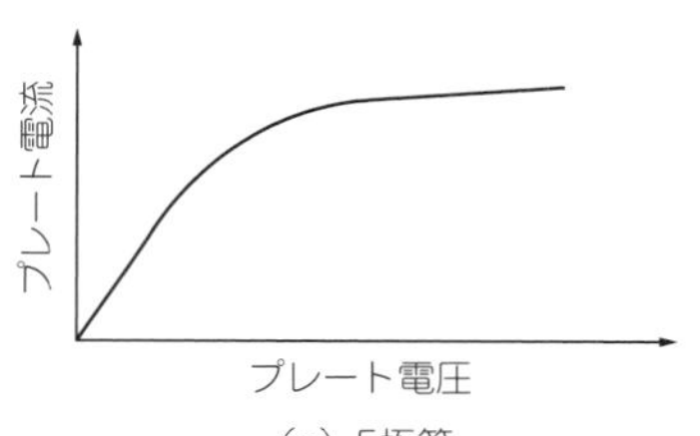

（c）5極管
スクリーン・グリッドに定格電圧印加の場合

図6　プレート電流とプレート電圧の特性

写真3　送信管の4X150A
送信管では4極管が多く使われている

写真4　5極管の例
左から6BQ5，6CA7，UZ42，6K6GT

し，スクリーン・グリッドの電流もグリッド電圧によって変化します．その信号分をコンデンサを使って陰極にバイパスします．これによってコントロール・グリッドとプレート間を電気的に遮蔽（しゃへい）しています．

- **ダイナトロン特性**

4極管にはダイナトロン特性（負性抵抗）と呼ばれる増幅特性があります［**図6**（**b**）］．これはスクリーン・グリッドで加速された熱電子がプレートで反射するものです．そしてこの特性をビーム形成電極の形状で解決したのがビーム管です．4極管の送信管は現在でも数多く活躍しています（**写真3**）．

5極管

プレートで反射した熱電子を吸収するために，プレートの近くにもうひとつグリッド（サプレッサ・グリッド）を追加したものが5極管です．これによって4極管のダイナトロン特性も解決され［**図6**（**c**）］，多くの5極管が開発されました（**写真4**）．高い周波数への対応/増幅率/特性の良さで5極管が真空管の主流となります．後述のようにサプレッサ・グリッドをアースすれば基本的な使い方は4極管と変わりません．

- **サプレッサ・グリッド**

プレートで反射した熱電子を吸収するために追加されたグリッドです．サプレッサ・グリッドで反射した熱電子を陰極にバイパスします［**図5**（**b**）］．品種によっては真空管の内部でカソードと接続されています．

7極管

1900年代のはじめに米国のE.H.アームストロングによりスーパーヘテロダイン方式が発明（1918年に特許取得）されました．これは受信する周波数を中間周波数に変換する方式で，選局は受信周波数と中間周波数との和か差の周波数を発振させることで行います．1920年代のスーパーヘテロダイン受信機の混合器には3極管が使われていました（3極管しかなかった）．ただし局部発振回路は別の真空管を使う他励発振回路で複雑となります．

スーパーヘテロダイン受信機の発振回路と混合回路をまとめて効率的に行うため7極管が考案されます．これはペンタグリッド・コンバータ（Penta

(a) ST管の6WC5

(b) GT管の6SA7

(c) MT管の6BE6

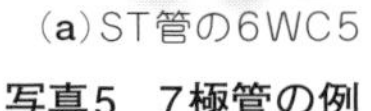

写真5　7極管の例

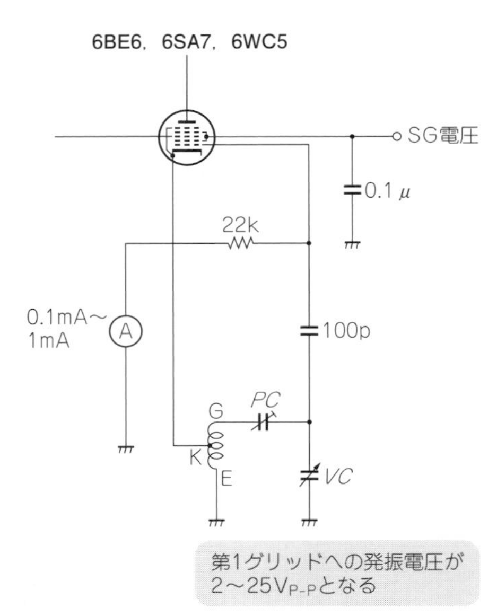

図7　7極管を使用した周波数変換回路（自励発振）

grid Converter）と呼ばれました．代表的なものはST管の6WC5［**写真5**(**a**)］，GT管の6SA7［**写真5**(**b**)］，MT管の6BE6［**写真5**(**c**)］などでしょう．グリッドの数が増えたため，7極管では下から第1～第5グリッドと呼ばれます．

■ 代表的な使用例

7極管を使った周波数変換回路の例を**図7**に示します．6SA7だけでなく他の同等管6WC5や6BE6も同様の動作をします．この回路は自励式の周波数変換回路となっています．

主なポイントは第1グリッドで局部発振を行い，第3グリッドへ受信信号を入力します．プレートには局部発振周波数と受信周波数の周波数差が中間周波数として出力されます．7極管は球自身から発生する雑音は大きいものの，短波帯のローバンドや中波帯では空間雑音が多いので問題なく安定に利用できます．

Column ❷　真空管回路で使用するテスタ

真空管の回路はインピーダンスが高いので，内部抵抗の高いテスタが必要です（**写真B**）．安価なテスタは2kΩ/V入力ですから，真空管回路の測定には向いていません．内部抵抗の低いテスタで測定した場合，実際の電圧より低く表示されてしまうので，注意が必要です．

筆者が使用している横河電機 3201型テスタは，内部抵抗が100kΩ/V（Vは測定レンジの電圧）で，300Vの測定レンジでは300×100kΩ＝30MΩとなります．内部抵抗が2kΩ/Vのテスタで直流300Vレンジを使うと，測定する回路に600kΩの抵抗を並列接続するのと同じ影響を与えることになります．

また安価なデジタル・テスタは入力抵抗が1MΩのものが多いようです．真空管回路の電圧測定時はテスタの内部抵抗をよく確認しましょう．

写真B　真空管回路に使用するテスタの例（100kΩ/V）
入力インピーダンスが高い回路には，入力抵抗の高いテスタが必要

第2章 真空管の電源と低周波増幅回路

2-1 電源

真空管に必要な電源

真空管を動作させるには，ヒータ（直熱管の場合はフィラメント）用の低電圧電源（A電源）とプレート用の高電圧電源（B電源），そしてグリッド用のマイナス電源（C電源）の3つの電源が必要になります．C電源は真空管に流れるカソード電流を利用して作ることができるので，普通の電源としてはA電源とB電源があれば大丈夫です．

B電源の電圧は一般の受信機用真空管であれば直流50～300Vくらいが動作電圧です．これにうっかり触れると感電します．真空管を使用した実験や製作では，B電圧部分には十分に注意しましょう．

■ 電源の内部抵抗

電源回路なら“どんな電流量でも同じ電圧を供給できる”と思われているかもしれませんが，実際の電源には内部抵抗と呼ばれる抵抗分（**図1**）が存在するので，負荷電流によって電圧が変化します．

“安定化電源”は一定の範囲内なら負荷電流が変化しても，出力される電圧はほぼ一定となります．見方を変えると，内部抵抗が疑似的に0Ωになるように制御をしている電源と言えます．例えば，よく使用される3端子レギュレータなどは安定化電源の代表例です．

真空管に使われる電源は，定電圧が必要な回路を除けば安定化されていません．今回製作する電源回路も同じです．したがって，負荷の変動によって電圧が変化することを理解しておきましょう．数百Vの電圧の出力できる直流安定化電源も市販されていますがとても高価です．

■ 整流の概要

整流回路は，2極管やダイオードなどを使って交流から脈流を作る回路で，この後に平滑回路を付加することで直流となります．半波整流は交流の＋分か－分のみが取り出されるので交流波形の半分をカットした波形となります［**図2**（**a**）］．両波整流は交流の＋分と－分の両方を取り出すので効率も良くなります［**図2**（**b**）］．

トランジスタ用の低圧回路でよく使われるものにブリッジ整流回路があります．真空管を使った回

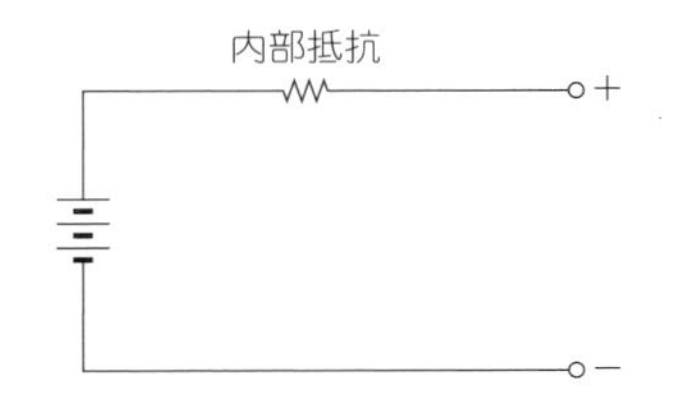

図1　電源の内部抵抗
内部抵抗で負荷電流が変動すると電圧も変化する

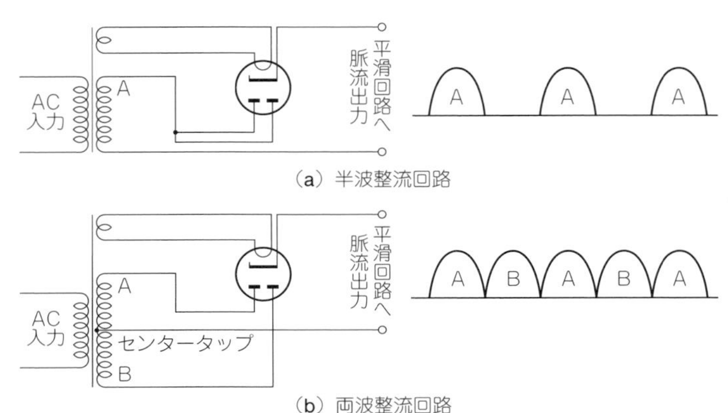

**図2
半波整流と
両波整流の比較**

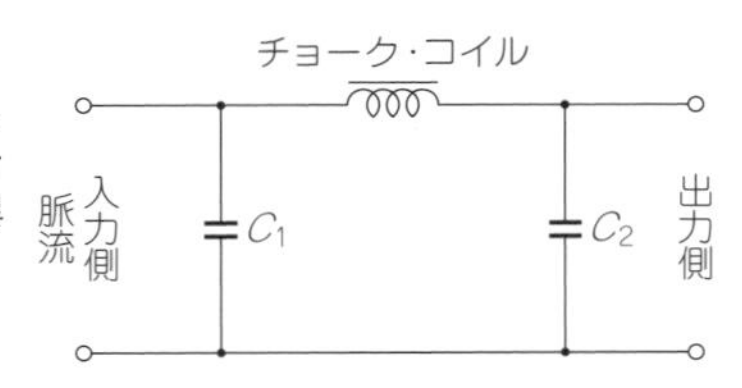

図3　平滑回路
C_1（整流用コンデンサ）の容量は使用する整流管によって異なる

表1　整流管と整流用コンデンサの容量

整流管の名称	整流用コンデンサ	最大電流
UX80，5Y3GT	20μF	125mA
5U4G/5U4GB	40μF	250mA/330mA
5AR4	60μF	250mA
6X4（6X5GT）	10μF	70mA
5MK9	20μF	60mA
5RK19,6CA4	50μF	150mA
12F	8μF	40mA

路で，使いやすいのは半波整流と両波整流回路です．この他にも，トランスレス回路などによく使われた倍電圧整流回路がありますが，特殊な球が必要となるので今回は使用しません．

■ 平滑の概要

平滑回路（**図3**）では脈流分を除去しますが，完全ではなく少し残ってしまいます．これがリップルと呼ばれます．平滑回路は半波整流も両波整流も同じですが，発生する脈流の周波数が違います．半波整流のときは電源周波数，両波整流では電源周波数の倍となります．

また真空管を使った整流回路では，平滑用コンデンサ（整流管に直接付ける側）に制限があります．電源の投入時，コンデンサの電圧は放電されているので，コンデンサの容量に比例した電流が流れます．真空管では，このときに熱電子の放出部分が破壊され，寿命が短くなってしまいます．

このため，整流用真空管では出力側のコンデンサ容量が規定されています．**表1**に主な整流管の整流用コンデンサの値を示します．この容量以上の平滑コンデンサを取り付けると整流管を痛めるので，安易に容量を増やしてはいけません．

■ A電源の種類

ほとんどの真空管のA電源は，直流と交流の両方を使用できます．これは使用用途によってさまざまな電圧と電流があります．われわれアマチュアが使う真空管は6.3Vや12.6Vのものを想定すればよいでしょう．

真空管用の実験電源

真空管を実験する電源は，プレート電流が50mA以下とし，少しでも費用を少なくするために，安価に市販されている電源トランスを利用します．製作する電源はこのトランスに合わせた回路としています（**図4**と**写真1**）．

使用した電源トランス（BT-2H）注1はブリッジ整流回路が推奨されていますが，定格の5割ほどで使っているためこの回路でも不具合はありません．昔の

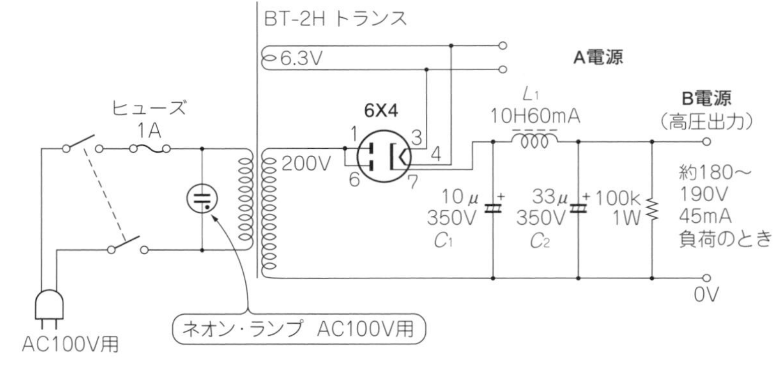

図4　製作した電源の回路図

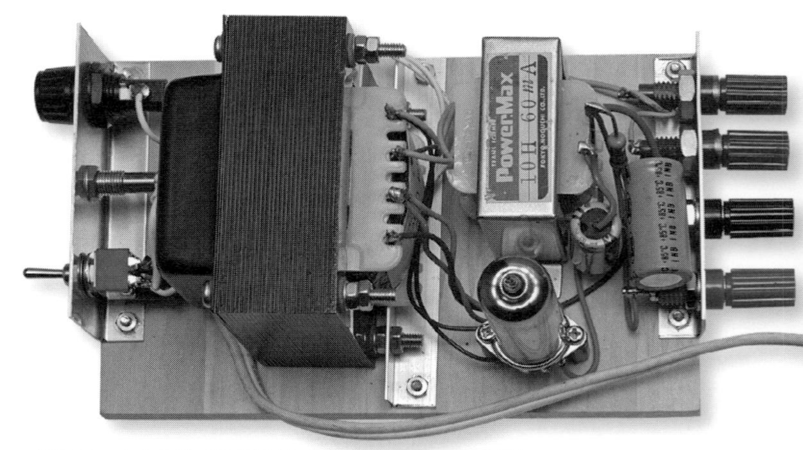

写真1　まな板作りで製作した真空管実験用の電源

注1：祐徳電子にて取り扱い　https://yutokudenshi.com/

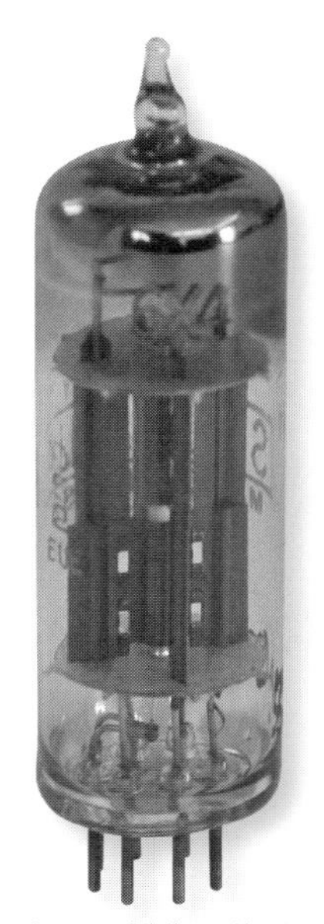

(a) 今回の製作に使用した6X4. ヒータ電圧は6.3V

(b) トランスレス5球スーパーによく使用された35W4. ヒータ電圧は35V

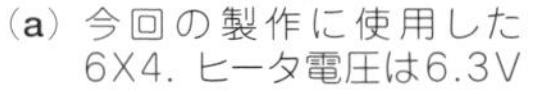

写真2 MT管の2極管の例

トランスレス式5球スーパーやST管を使った並3, 並4ラジオなどの多数が半波整流回路だったことを考えると，半波整流回路で十分実用になると思います.

回路は，交流を脈流にするための2極管(ダイオード)を使用した整流回路と，脈流を直流にする平滑チョーク・コイル回路(ローパス・フィルタ)から構成されています.

A電源

A電源は電源トランスの6.3Vヒータ用巻き線を利用します. 2A以内なら6.3V定格の真空管のほとんどのものが利用できます. 本書では，入手が一番簡単なヒータ電圧6.3Vの真空管を多用します(トランスレスや一部送信管を除く). なお，A電源の電圧は定格の±10%を維持できれば十分で，ヒータ電流の和を電源トランスの定格以内に収めることが重要です.

各真空管のヒータ電流の和がトランスの定格電流を超えると，トランスに過負荷を掛けるだけでなく，適正な電圧をヒータへ供給することもできません.

整流管

せっかくなので，整流も真空管を使ってみましょう. B電源の生成には電源トランスの200V端子を使用します. 整流管用に専用A電源(5V)タップがある電源トランスは現在は比較的高価です. こうした電源トランスにはよく使われた5MK9(ヒータとカソードが内部接続されている)が使えます.

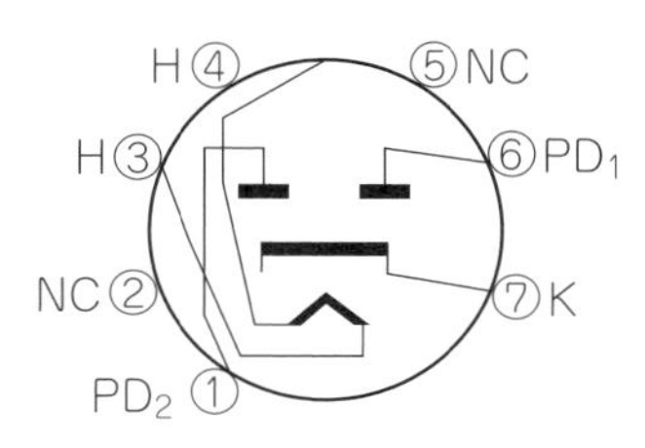

図5 使用した6X4の接続図

現在多く流通している電源トランスは，ダイオードブリッジでの整流を前提としているようで，こうした場合にはヒータとカソードが完全に分離している6X4[p.17, **写真2(a)**]が大変便利です.

今回はヒータとカソード間の耐圧，およびヒータ電圧とその入手性の観点から，双2極管(1つの管に2つのプレートが入ったもの)の6X4を使用しています(**図5**). なお，2つのプレートを並列接続して使うと電流量を増やすことができます. また，今回の電源トランスには中間のセンタータップが出ていないため，半波整流としています.

- **ヒータとカソード間の耐圧**

6X4を通常の真空管と比較すると，ヒータとカソードの耐圧が450Vと大変に高くなっています. 一般用の小型真空管6BA6などでのヒータとカソードの耐圧は90V, 6L6などの出力用真空管でも180Vしかありません. こうした用途には6X4が最適です.

平滑回路

平滑回路はローパス・フィルタです. L_1(チョーク・コイル)で分かれていますが，C_1とC_2は気を付けて配線する必要があります. 脈流分を減らすのはコンデンサであり，直流出力は必ずその両端から取り出す必要があります.

両波整流や半波整流の場合は，電源トランスの0V側(両波はセンタータップ)と平滑コンデンサを最短で配線することが必要です. 逆に言うと，電源トランスの0V側と平滑コンデンサの間に何も入れてはいけません(p.20, **写真3**). インターネットなどにあるステレオ・アンプの記事などでは，不可解な回路を多く見受けるので注意が必要です.

- **チョーク・コイル**

チョーク・コイルは，直流は通しても交流分は通

写真3　平滑コンデンサの取り付け例
平滑コンデンサは最短で配線を行う

しにくい部品です．10Hのインダクタンスを持ったチョーク・コイルは，約3.8kΩのインピーダンスを持っています．両波整流では倍の120Hzとなり，約7.5kΩ（$2\pi fL$，2×3.14×120×10）の抵抗と同じ働きをします．このチョーク・コイルの直流抵抗は250Ωくらいなので，電圧降下は少なくリップル分のみ減ります．直流を作る回路としては最適でしょう．

■ まな板作り

最低限の労力と費用で“真空管で遊ぶ”ことを考えると，ホームセンターなどで販売している厚さ1cmの板に部品を取り付けて製作すると便利です．一般的な呼び方は“まな板作り”です．1936年の米国ARRLハンドブックにも紹介されたこの方式は，金属のシャーシが普及する以前のものです．どうしても金属アースなどが必要な場合は，その都度金属の板などを入れて対策をとっていきたいと思います．

電源トランスなども，ホームセンターで販売されているL型アングルを利用して取り付ければ良いでしょう．また，出力端子には手持ちのジョンソン端子を使いましたが，一般的に使われるハーモニカ端子の方をお勧めします．

■ 電源回路の自作は特に注意

回路の自作に，配線の間違いやはんだ付け不良は付き物です．しかし，電源回路でのこうした間違いは出火や感電につながる可能性があるので，電源プラグ側には必ずヒューズを入れます．

この電源には200Vの回路があるので，電源を入れているときは不用意には触れず，200Vの配線にはテーピングなどで感電対策をしましょう．

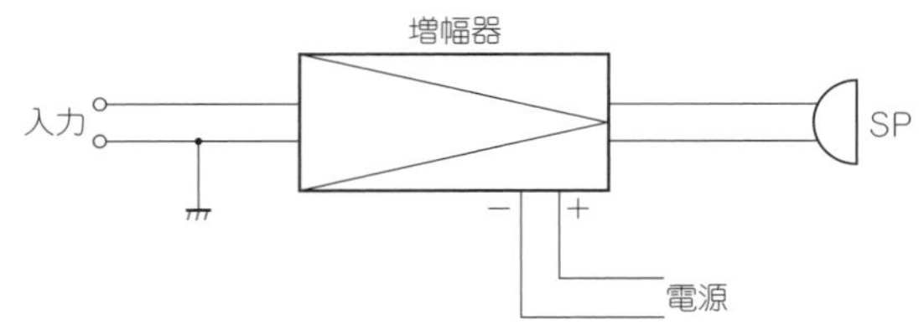

図6　アースポイントの位置

写真4　真空管ソケットの取り付け例

負荷に接続している100kΩは，電源切断時にコンデンサに残った電荷を放電する抵抗です（ブリーダ抵抗と呼ばれる）．これがないと電源の切断後も電荷がコンデンサに残り，不用意に端子を触ると時間が経過していても感電することがあります．電源トランスのB巻き線（GND側）を金属シャーシにアースすると，脈流分がシャーシに流れ増幅回路の感度が高い部分に影響を与えハムやノイズの原因となります．

金属シャーシへのアースは，増幅回路の入力端子付近（ノイズが最も少ない場所）をアースポイントとする必要があります（**図6**）．インターネットや一部の雑誌などには誤った情報が掲載されていることもあるので注意が必要です．

■ 組み立て

真空管ソケットをまな板に取り付ける際，回路のショートを防ぐため取り付けねじには必ず絶縁されたプラスチックやベーク製のスペーサ，あるいは真鍮（しんちゅう）のスペーサには熱収縮チューブをかぶせる必要があります（**写真4**）．簡単な回路なので，1日あれば製作は可能でしょう．真空管回路の実験用として幅広く使えるので，この機会での製作をお勧めします．

2-2 6AV6＋6AR5アンプ

真空管を使ったアンプを作ってみよう

回路は5球スーパーに使われていた低周波増幅とほとんど同一です(**写真1**，**図1**)．真空管は5球スーパーに多く使用されたMT管の6AV6と6AR5です．入門用としては，簡単で音質も良く最適だと思います．ぜひチャレンジしてみましょう．

このアンプは，受信機の低周波増幅器として最適ですが，このアンプを2台作ればステレオ・アンプとして動作し，CDプレーヤなどの現在の音響機器アンプとしても使えます．真空管で聞く音は，自作の醍醐味といえます．これは市販されているオーディオ・アンプに引けをとらない性能が出るので，そのクオリティの良さにも驚くことでしょう．

出力は1W程度なので，比較的高能率のスピーカが必要ですが，コンポのスピーカなども十分鳴らすことができます．筆者は三菱電機のP610MB(16cm)のスピーカを小さな箱へ入れて使っていますが，ボリュームの位置はいつも¼くらいで十分な音量が得られています．

こうした回路では必要以上の利得はとらない方

写真1　まな板作りの6AV6/6AR5アンプ

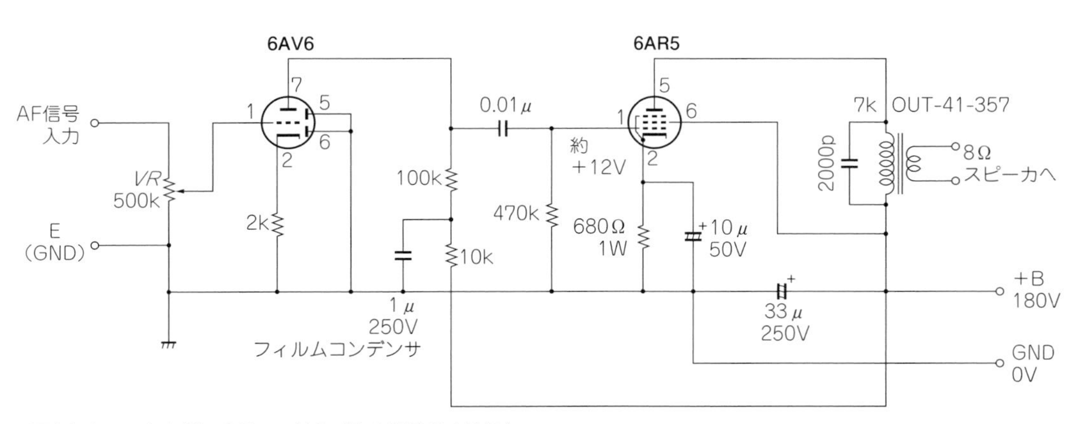

図1　6AV6/6AR5アンプの回路

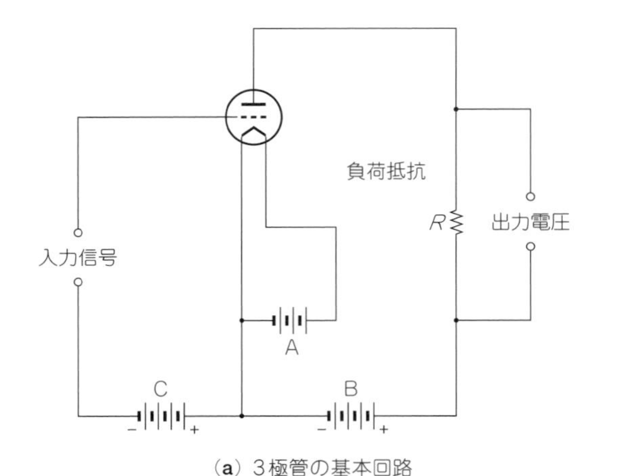

(a) 3極管の基本回路

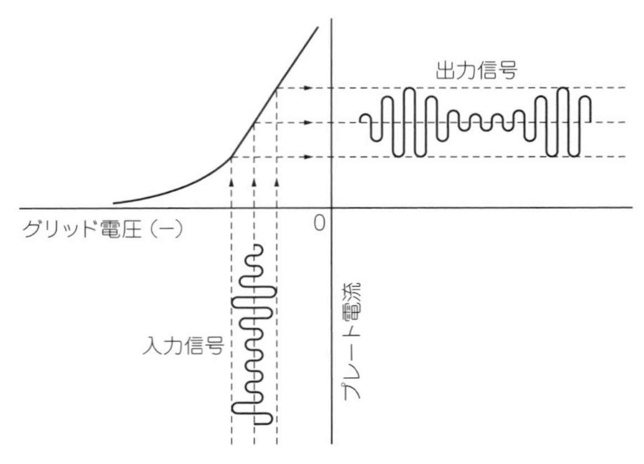

(b) 入力信号と出力信号の関係

図2　3極管を使った基本回路と入出力の信号の関係
RCA Receiving tube Manualより引用

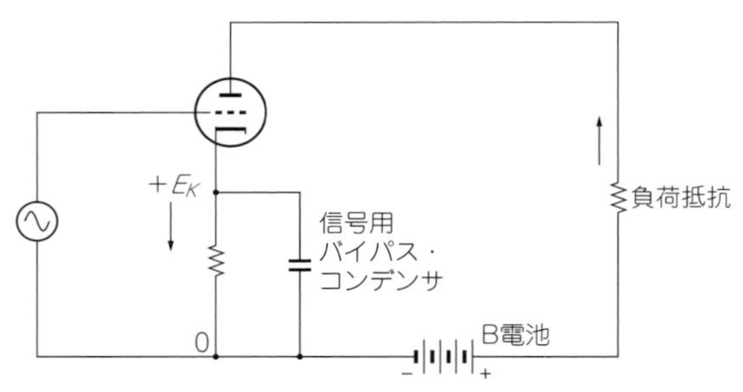

図3　カソード・バイアス回路
この回路を用いることで別途のC電源は不要となる

が良いでしょう．また部品が1つでも少ないほどクリアな音となります．

■ 3極管を使った増幅

第1章で真空管の動作原理を解説したので，ここでは3極管を使った入出力の信号の関係と基本回路を示します［**図2**(**a**)］．

真空管はグリッド電圧が高くなるとプレート電流が増加して，負荷抵抗の電圧降下が大きくなり，出力電圧は低下します．真空管の入力信号と出力信号は必ず逆位相となります．入力信号電圧が上がれば，出力電圧は下がります．これは重要なポイントなので覚えておきましょう．

■ グリッドのバイアス電圧

グリッド電圧は0Vの時にプレート電流が最大となり，グリッド電圧が低下（負電圧）するほどプレート電流が低下し，最終的にはプレート電流が0となります．

入力信号に－電圧を重畳(ちょうじょう)することで，増幅特性（A級/B級/C級など）を設定します．この－電圧がバイアス電圧またはC電圧と呼ばれます．真空管では，プッシュプル回路（B級増幅）や特殊な高周波電力増幅（C級増幅）以外はA級増幅が多く使われます．A級増幅は信号の振幅全体を歪(ゆが)まずに増幅するようにバイアス電圧を設定します［**図2**(**b**)］．

■ カソード・バイアス回路

陰極（カソードやフィラメント）へ直列に抵抗を入れ，電気的にグラウンドから離します．その状態でプレート電流を流すと，陰極はグラウンドに対して＋の電圧となります．

このことで，陰極に対するグリッド電圧が下がるため，グリッドへバイアス電圧を印加することと同等になります．小型の真空管を使った回路ではこのカソード・バイアス回路がよく使われます（**図3**）．

さらにこの回路は真空管のカソード電流によってバイアス電圧が変化するので，真空管に適した状態を保つことができます．状態の良い真空管は良いなりに，多少劣化した真空管でもそれなりに動作するので，われわれアマチュアには使いやすい回路です．また真空管の劣化に伴う調整もほとんど必要なく動作します．

■ 電圧増幅回路について

6AV6（**写真2**）は2極管と3極管が1つにパッケージされた複合管です．3極管部は高級真空管アンプによく使われている双3極管12AX7と同一の特

写真2 6AV6の3極管部は高級真空管アンプに使われる12AX7と同一の特性

性を持っています．2極管部は検波用として使用するのですが，ここでは低周波増幅器の製作なので，2極管の端子は使いません．2極管のプレートはアースし，3極管による電圧増幅回路を使っています．

CRの定数はRCAのReceiving tube Manual-RC19（以下チューブ・マニュアル）に掲載されている内容から算出しています．この定数は，周波数が100Hzの時は420Hzに比べて0.8倍となっています．筆者の場合は鳴らしているスピーカが小さいため，総合的な特性で約0.5倍になるように定数を変更しています．低い周波数まで再生可能な増幅器とすると，低音が「ボコボコ」して明瞭度が低下します．筆者は無理に低域まで帯域を広げすぎた結果だと思っています．このあたりは適度なバランスが必要でしょう．

■ 3極管の利得

5極管を低周波増幅に使う目的は，1段の増幅で大きな利得が得られるからです．3極管でも十分な利得があったので，この電圧増幅部は3極管としています．例えば5極管の6AU6を低周波増幅に使うと電圧利得（Voltage Gain）が3極管である6AV6の2倍以上となり，増幅率の低い3極管と比較すると10倍以上の利得が得られます．しかし必要以上の利得はノイズや安定度などの面でも不利です．5極管はもともと高周波増幅のために開発されたので，これから出てくる高周波増幅で本領を発揮してもらいましょう．

■ 電圧増幅部の回路

ここでは入力のボリューム1個，カソード抵抗1本，プレート負荷抵抗1本，出力回路への結合コンデンサのみです．ボリュームにはよくA型が用いられますがB型でも問題なく使えます．このアンプでは，ほんの少しボリュームの位置が変わるだけです．

プレート電源は，10kΩと1μFで交流分をカットする回路を構成しています（デ・カップリング）．チューブ・マニュアルには，2段階増幅回路では不要と書かれていますが，製作した実験電源を使用するためこの回路を入れてあります．音楽を聴く場合は入れておいた方がベターで，コンデンサの容量は0.1～1μFあれば大丈夫でしょう．

6AV6のプレート電圧は120Vくらいで良いでしょう．この条件でどのくらい電圧利得があるか測ってみたところ，37mVp-p入力時のプレート出力が1.48Vp-pで約40倍となっています．しかし，プレート供給電圧がチューブ・マニュアルのとおりにならず，電圧利得も変化します．けれども，真空管はかなりファジーであり，問題なく動作します．

安心して実験しましょう．チューブ・マニュアルと同一条件でなくても真空管は動作するということです．

■ 6AV6のバイパス・コンデンサ

6AV6のカソードにはバイパス・コンデンサを入れず，電流帰還を掛けています．CDプレーヤの出力電圧が2Vp-pと高いので，カソードにコンデンサを付けると電圧利得がコンデンサを付けない時の2.4倍くらいになってしまいます．電力増幅の6AR5の感度で考えると，カソードへコンデンサを入れた場合はボリュームを一番絞った時でも音が出てしまうくらいになります．

■ コンデンサの種類

6AR5のカソードに入れるコンデンサの種類によって音質が変化します．コンデンサの種類と周波数によってQが異なるためです．低周波用としては，電解コンデンサやオイル・コンデンサ，フィルム・コンデンサなどを使いますが，VHFなどの高い周波数では，セラミック・コンデンサやマイカ・コンデンサを使います．真空管を使用するので，コンデンサの耐圧には十分な注意が必要です（低電圧用の耐圧50V以下のものが多く販売されている）．

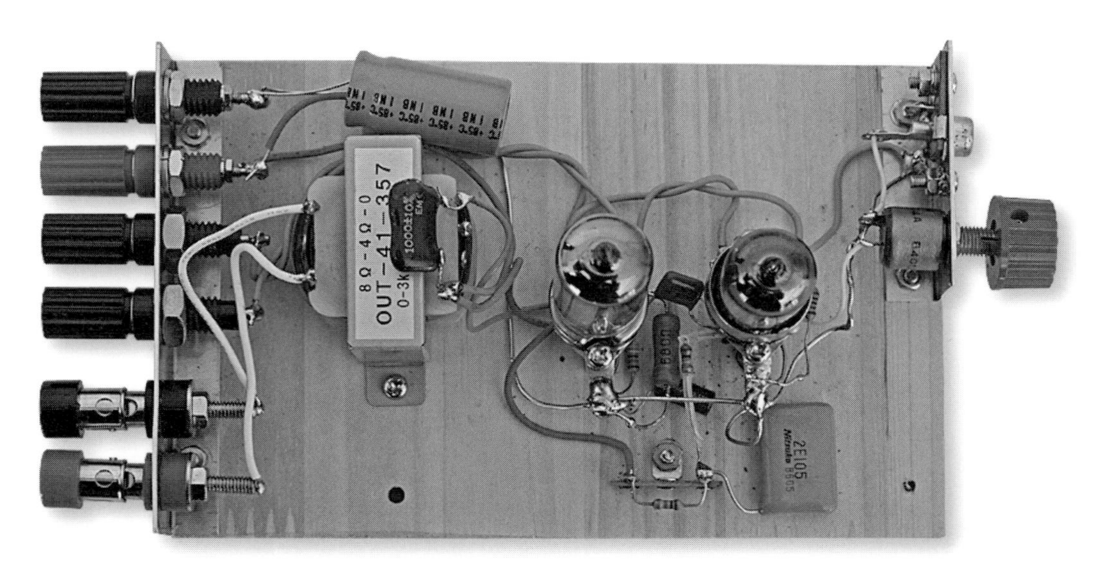

写真3　製作した6AV6/6AR5アンプの上面

■ 電力増幅

6AR5は，50MHzでも良好に動作するほど高周波特性の良い電力増幅管です．この電力増幅回路のバイアス電圧も，カソード電流と抵抗による電圧降下によって得ており，バイアス電圧＝カソード電流×抵抗です．2kΩのカソード抵抗でカソード電流が5mA流れると，カソードの電圧が10Vとなり，グリッド電圧は－10Vになります．

• 簡易的なロードバランスの求め方

まず使用する真空管の特性表から，使用するプレート電圧に近い電圧特性を持つものを選択します（今回は150Vのプレート電圧を選択）．さらに，その表からカソード抵抗やコントロール・グリッド電圧，そしてスクリーン・グリッド電圧を求め，実際にその電圧を加えて動作させてみます．6AR5の特性表のデータは回路の数値となっています．

各電極の最大定格値を越えなければ，真空管は壊れずに動作します．6AR5の場合，最大プレート損失8.5W，スクリーン・グリッド損失2.5Wとなります．各電極の損失は電圧×電流となり，オームの法則で計算ができます．また真空管の電源回路は安定化されておらず，供給電圧には±10～20%程度の変動があります．したがって，実際に使用する電圧に最も近い値で動作させれば良好に動作します．

• 負荷について

電力増幅では最終的にインピーダンスの低い負荷（スピーカなど）を動作させることになります．インピーダンス変換用のトランスは直流分の抵抗値が非常に低く（数100Ω以下），交流分の抵抗値は1kHzで数kΩとなります．交流分の電力を取り出せる，本当に優れた部品です（コンデンサのみではインピーダンス変換ができない）．

■ 出力トランス

今回選んだトランスは春日無線変圧器のOUT-41-357という小さなもので，6AR5にベストマッチしました．最大直流電流30mAまでと書かれていたので，今回の使用には最適と思っています．このような小出力の増幅器は，5球スーパーや電蓄などのスピーカの側面にさりげなく付いていた出力トランスがベストマッチだと思います．

実装

これもまな板作りで，金属加工用のシャーシ・パンチなどは必要ありません．必要なのは，端子やボリュームを付けるL字アングルを加工する工具のみなので，ドリルとリーマーがあれば十分でしょう．

この回路は大変シンプルで，回路図と同じように

表1 パーツ・リスト

真空管	6AR5	1	Webサイトなど
	6AV6	1	Webサイトなど
トランス	OUT-41-357	1	春日無線変圧器
ソケット	7pMT用	2	サトー電気など
ボリューム	500kΩ（A or B）	1	サトー電気など
抵 抗	2kΩ ¼W	1	サトー電気など
	10 kΩ ¼W	1	サトー電気など
	100kΩ ¼W	1	サトー電気など
	470 kΩ ¼W	1	サトー電気など
	680 Ω ¼W	1	サトー電気など
コンデンサ	1μF 250V マイラーフィルム	1	サトー電気など
	0.01μF 250V フィルム	1	サトー電気など
	10μF 50V電解	1	サトー電気など
	33μF 250V 電解	1	サトー電気など
	2000pF 400Vフィルム またはマイカ	1	サトー電気など
その他	ジョンソン・ターミナル	4	サトー電気など
	立ラグ1L2P	1	サトー電気など
	集成材 160×100×10	1	ホームセンター

配線すれば良いだけです（**写真3**）．入力端子から電源へφ1mmのスズ・メッキ線を1本張り，そこに各真空管と部品のアースを落とします．増幅の前後で配線が入り交じるような部品配置や配線は避けましょう．不要なフィードバックで動作が不安定となります．

MT管のセンターピンはアースすることが大切です．浮かしておくとストレー容量で結合し，VHF帯で異常発振することがあるうえ，原因の追求が大変困難となります．

■ 使用する部品について

今回は誰でも真空管で遊べることを第一としたので，部品は通販などで入手できるものばかりです．使用部品リストを示しますので参考にしてください（**表1**）．

■ 動作の確認

例えば，太鼓（たいこ）をドンと叩いてわれわれに向かってくる振動が，反対側に向かったら変な感じになります．これが位相合わせです．ICアンプなどは，あらかじめ位相合わせがされています．トランジスタや真空管で1段増加すると位相が180度変化するので注意が必要です．ステレオにする場合はさらに重要になります．

製作したアンプの位相の確認をしておきましょう．位相の確認には2ch入力のオシロスコープが必要となりますが，回路図どおり組み立てれば問題はありません．しかし出力トランスに別なものを使った場合などは必要です．確認する場合は，オシロスコープの1chに入力信号を，2chに出力トランスの2次側を接続し，同じ位相となるように出力トランスの極性を変えるだけです（**図4**）．

ステレオにする場合は位相や音色などが合わないとまともな音にはなりません．L，Rの両チャネルとも同じように作りましょう．

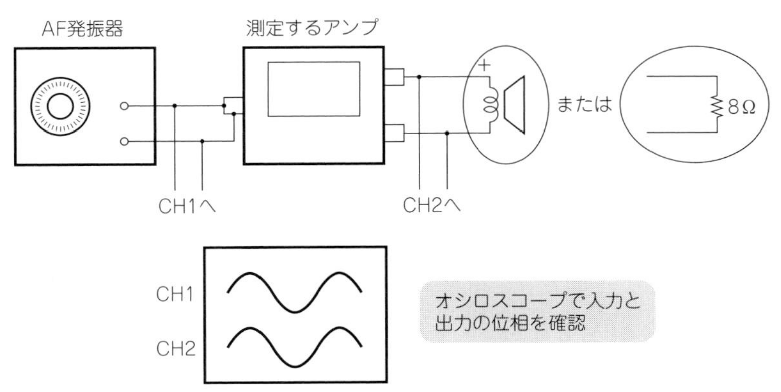

図4 2現象のオシロスコープで位相を確認する

2-3 42 Hi-Fiアンプ

3極管結合 ステレオ・アンプ

1950年頃の国産ラジオはST管を使ったものがほとんどで，終段には6Z-P1やUZ-42（以下，42）が多く使用されていました．42はラジオに多用されたためか「ラジオ球」として低く評価する人もいますが，この球のポテンシャルは非常に高いものです．42は電力増幅用の5極管で，ローバンドではこれを終段に用いた人もいるでしょう．オーディオ管としては地味ですが，42の3結（3極管結合）は現在でもとても評価の高いものです．

現在流通している価格も2A3などと比べると安いので（以前は安価だった）試してみることをお勧めします．部品代は15,000円程度なのでポテンシャルを試してみませんか？

■“42”と6AR5の歴史

42（**写真1**）は直熱形5極管のUY-47の改良型として1932（昭和7）年に発表されています．傍熱形の5極管としては一番古い部類に属します．42は6.3Vのヒータ電圧（以下，6.3V管）で動作しますが，同規格で2.5Vのヒータ電圧（以下，2.5V管）の2A5は1933（昭和8）年に発売されています．ヒータ電圧は2.5Vから6.3Vへ移行することが多いのですが，戦前の日本では民生用として2.5V管の2A5が多く使われていました．

42は最も古い形のナス型も存在しています（**写真2**はひと回り小型の41）．その後メタル管の6F6（**写真3**）となり，6F6Gや6F6GTへと進歩していきます．42と6F6Gは同一の真空管でベースがUZ（6本足）とUS（オクタル8本足）の違いだけです．しかし42のMT管バージョンは作られず，ひと回り小型の41が6K6GTとなり6AR5（**写真4**）となります．

42は本当に素直な素晴らしい球です．RCAが6D5という傍熱3極管を発表しながら，販売を中止しています．これは42（6F6）の3極管接続で十分な音質が得られたからと思っています．またこの球はアマチュア無線が再開された1950年代には終段管として盛んに使われていました．

筆者の手元にあったものは，マツダ（現：東芝）/ナショナル/NECとバラバラでしたので，ローカルのJA0GWK 曽根原OMに交換していただき，マツダの球2本で本機（p.27，**写真5**）を製作しました．

■オルソンアンプと3極管接続

42/6F6は標準的な5極管です．5極管はビーム管と比べて能率が良くないといわれています．しかし真空管メーカーはビーム管と違ってグリッドの

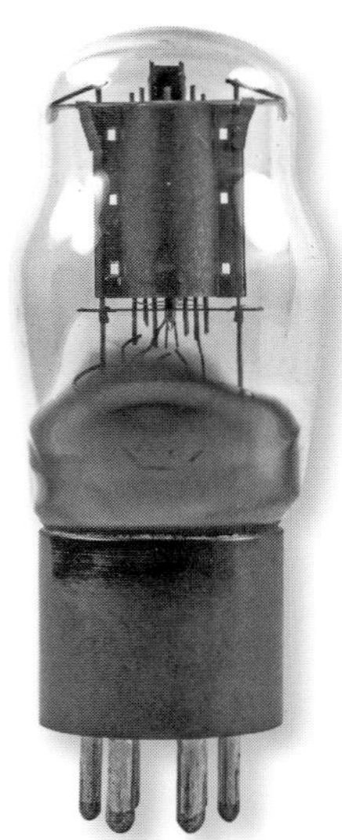

写真1　傍熱5極管のUZ-42

写真2　ナス管のUZ-41
この球は6K6GTを経て6AR5に進化する

写真3
メタル管の6F6

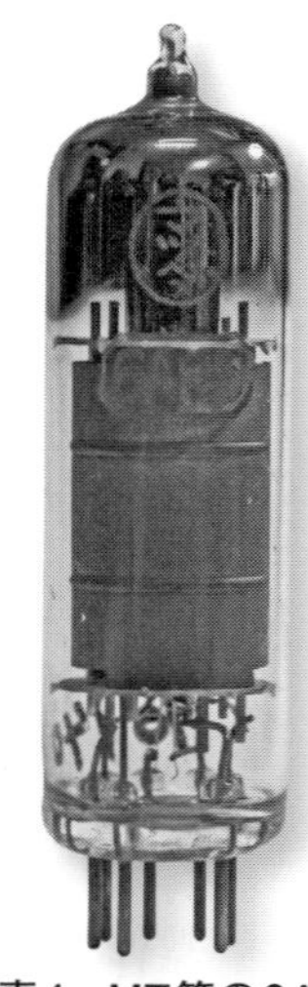

写真4　MT管の6AR5
日本では代表的な電力増幅管

写真5　42の3極管結合で製作した本機

目合わせなどの必要がなかっただけ手軽に製作ができ，その分値段が安く一般には使いやすいものだったと思います．

また6AR5や42は，手軽に十分な出力や音質が得られました．5球スーパーの主役になった球だけあります．音響学の権威 オルソン博士が作った有名なオルソンアンプは6F6を3極管接続し，NFBを一切使わずに動作をさせています．このアンプは評判が良く，現在でもマニアの憧れ(あこが)のアンプの1つとなっています．

■ 6AR5

日本のラジオではGT管があまり使われず，ST管からMT管へ一気に移行します．また6AR5は42の代わりに5球スーパーの電力増幅管として多用され，トランス付きスーパーヘテロダイン受信機の出力管の代名詞となりました．米国では6AR5の元となるGT管6K6GTは大変多く使われたのですが，6AR5を使った機器が少ないらしく，筆者は真空管を使って60年以上ですが，いまだに米国製の6AR5を見たことがありません．

6AR5も大変良い真空管で，TRIO TX-88（TX-88Aではない）に終段管として使われていました．このステレオ・アンプの製作には入手しやすい6AR5を使うとシャーシの加工もいらずFBかもしれません（筆者は42にこだわった）．

製作するアンプの概要

入力ソースには，CDなどのアナログ信号出力を使うことを考えてみました．これらのアナログ信号の出力は2Vp-p出力と規定されています．その信号をスピーカで聞くステレオ・アンプは2段増幅で十分です．

5球スーパーに使われていた，当時の回路を参考として回路を考えました（**図1**）．**図2**に5極管接続の回路を示します．使用するスピーカの能率にもよりますが，一般家庭で聞く音量は大体10～100mWくらいあれば十分で，1Wもあったらうるさくて聞いていられないくらいになります．古いナス型のUX-112Aを使った電力増幅でも，プレートに67.5V/2mA（入力130mW）で動作させても室内で16.5cmスピーカ（三菱電機 P610-MB）がうるさいほどの音量で鳴ります．筆者は500Wや1kWのオーディオアンプの，一般家庭内での使用には疑問を持っています．

今回は大きな出力は求めないので，小型の電源トランスや出力トランスが使えます．主要部品が小さくなるのでシャーシも小型のものが使えるのです．しかし出力こそ少ないもののその音質には目を見張るものがあると思います．

■ 真空管の定格

真空管は，最大定格を超えて使うとすぐに使えなくなります．過去に作ったギターアンプ（出力最優先で設計を依頼されたもの）はかなり無理な使い方で，1回のコンサートが終了すると，電力増幅管が全て劣化し出力が出なくなったことが思い出されます．

筆者が作った6V6GT/GシングルのBGMアンプを，16年間毎日8時間ほど使用していますが，問題なく使えます．また筆者宅のラジオ（1938年製）は，近くの床屋さんで20年以上鳴っていたものを譲り受けた品で，筆者が修理した時（約30年前）に真空管を調べたところ問題はありませんでした（現在も使用している）．適正に使えば，真空管は驚くほど長寿命です．

今回は，出力管は42を3極管結合として1Wを目標に回路を考えてみました．前段には3極管のUY-76を選び，ST管を使って見て楽しむことも目

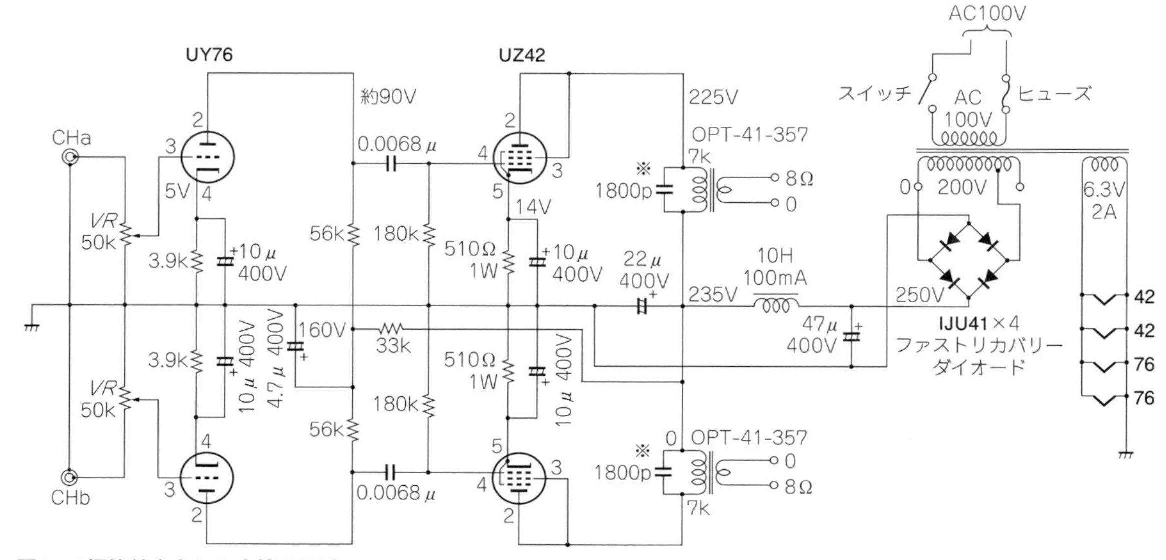

図1　3極管結合とした本機の回路

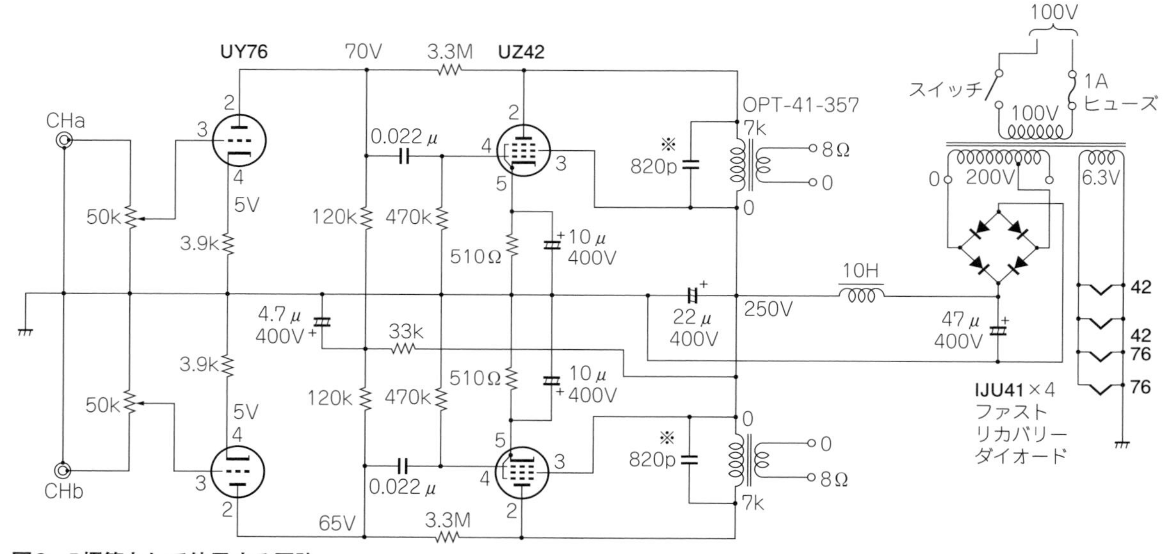

図2　5極管として使用する回路

的の1つとしてみました．入手が難しい場合はGT管やMT管の使用も可能です．

■ NFB

筆者はこのアンプにNFB（ネガティブ・フィードバック）は不要と考えます．NFB回路は素晴らしい回路方式ですが，万能ではありません．回路を進む信号には遅れが出ます．遅延した信号で初段にNFBを掛けると，初段が混合回路（ミキサ）として働きます．遅延した信号を混合するとどうしても音が滲（にじ）んでしまうのです．必要な帯域の100倍程度の増幅器であればNFBはとても有効です．しかし，途中にLCが入っている回路で信号遅延を発生させないことは，大変難しいと思います．

■ 回路構成

入力信号は，ピンジャックから50kΩの可変抵抗へ入り，入力電圧をコントロールされて初段管のグリッドへ入ります．初段の電圧増幅管のカソードは約5Vに設定されているので，CDプレーヤを接続する限り入力オーバーによる歪みの発生はありません．

多くのアンプは増幅度を多くとり，可変抵抗で絞って使っています．これは良い増幅ではなく，抵抗でレベルを下げると雑音が多くなります．可変抵抗が

写真6 本機はST管にこだわりUY-76を使用した
他の3極管でも使用可能

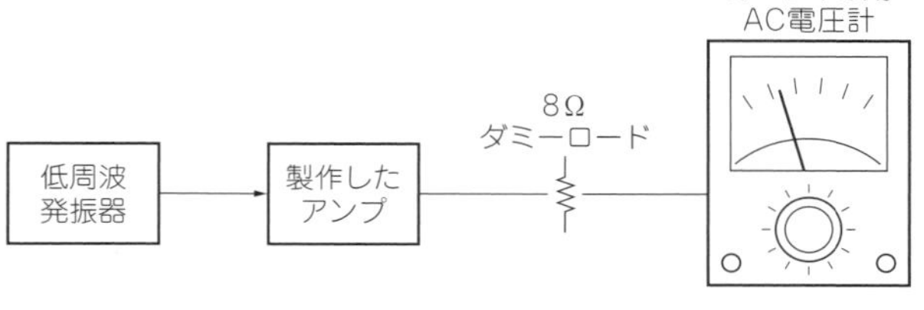

図3 測定時の低周波発振器とACボルトメータの接続

必要ない適正レベルで増幅できるのが理想でしょう．

• **前段での増幅**

ここでは3極管による標準的な直線増幅がされます．この増幅率（電圧値）は約10倍です．入力信号2Vp-pがあった場合，出力は約20Vp-pとなります．42のカソード電圧が約15Vに設定されているので，それ以上の電圧がグリッドに入るとグリッド電流が流れはじめ，信号が歪んでしまいます．前段もAクラスの増幅ですから，15÷2で約7.5倍の増幅度があれば良いのです．しかし録音レベルの問題もあり，約10倍の増幅としています．

• **42の動作点**

電力増幅の42はプレート電流を約30mAで動作させています．あまり大きな出力を要求せずに，出力トランスの電流容量30mAの小型品を使用します．その範囲でバイアス電圧を考えます．

データシートを見ると，カソード抵抗は420Ωまたは430Ωと書かれています．これはプレート電圧に250Vを印加して，球の最大出力を取り出す場合の規格です．真空管は定格内ならアレンジして使うことができます．今回は定格内でカソード抵抗を510Ωとして動作させることとします．この抵抗値を変えても音量にほとんど違いはありません．真空管の動作点は設計者が最も良いと思われる値で設計できるのです．

コリンズなどの通信機の回路を見ると，回路の定数は最も良いと思われる適切な値となっており，真空管メーカーが指定する定数ではありません．

■ 電圧増幅管の選択

今回は手持ちのST管から，中増幅率のUY-76を使いました（**写真6**）．メタル管やGT管では6C5や6J5，また双3極管の6SN7などが良いでしょう．

MT管にはシングルの6C4，双3極管は6CG7/6FQ7/12AU7など数多くあります．複合管の6AV6も使えます（p.21，**図1**の回路を参照）．真空管は素直なデバイスですから，配線ミスなどをしない限り動作はするでしょう．

しかし構成部品が少ないため，部品1つ1つの確認が必要となります．高増幅率の6ZDH3Aを使うことも可能ですが利得がオーバーします．カソードのパスコンを外したり，入力の可変抵抗で利得を制御すれば良いと思います．6ZDH3Aのメタル/GT管には中増幅率の真空管 6SR7があり，入手できれば最適な増幅となるでしょう．

使用するパーツ

■ シャーシ

今回は祐徳電子で販売されているアンプ用ケースキット「オリジナル 小型真空管AMP対応 CASE KIT（ZHW-KIT-035）」を改造して使っています（**写真7**，**写真8**）．このキットは真空管ソケット/コネクタ/SWなどの小物パーツを含んでいるので，部品を集める手間が省けFBです．今回は42と76を使用するため真空管ソケット取り付けの加工を行います．

シャーシ（鉄板）の厚みが1mmなので，加工にちょっと骨が折れました．今回使用する真空管のソケットの穴は全てφ30mmです．実際の真空管の感覚をよく考えて穴を大きくしました．この加工にφ30mmのシャーシパンチが必要です．シャーシパンチも1mm厚の鉄板の加工が限界です．パンチの軸受けおよび刃にはしっかり油を塗って使用することが必要でしょう．MT管を使用すればシャーシキットはそのまま使えます．

■ 電源トランス

電源トランスは，このシャーシキットに合うBT-

写真7　シャーシキットを改造したシャーシ上面

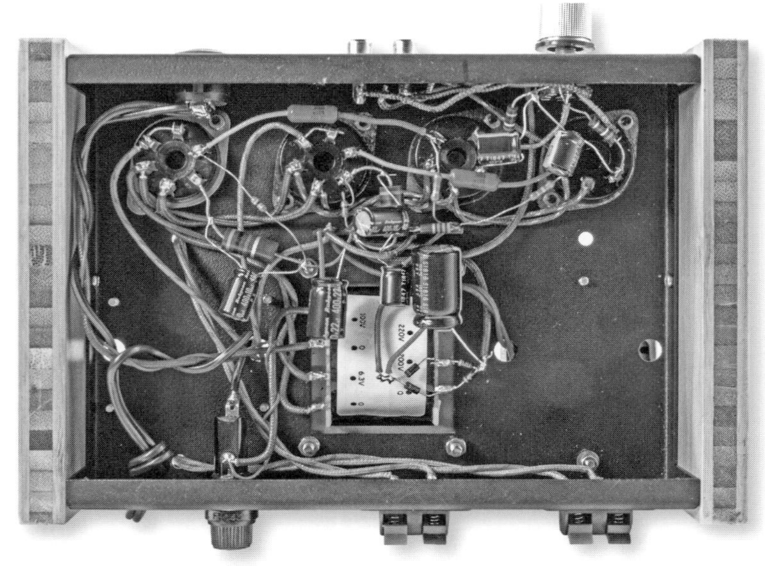

写真8　配線をしたシャーシ裏面

2H-DX（祐徳電子，ZHW-TRNS-015）を使用しました．B電流が約60mAくらいなのでBT-2Hでも良かったと思います．出力電圧は200Vタップで DC 225Vくらい得られます．今回はプレート電圧を低めで動作させているので，このトランスで十分と考えています．

■ 出力トランス

出力トランスは筆者にとって実績のある変圧器のOPT-41-357を使いました．これはオリエントコアを使った小型品で，実際の使用でも位相特性が良く安心して使えます．このサイズならシャーシキットの片側に2個を実装可能です．

各メーカーから大型で高性能高価格のものが多く市販されていますが，今回と同サイズのトランスは，学校や病院などの構内放送用の天井埋め込み用スピーカに付いているマッチングトランス5W用として使用されています．これはラップジョイントになっていて，直流電流が流せません．このタイプのトランスを真空管回路に使うときは，バッドジョイントにコアを組み替える必要があるので注意が必要です．

■ チョーク・トランス

今回のような真空管アンプではチョーク・トランスがどうしても必要です．今回はBT-CH-1（10H 100mA，祐徳電子 ZHW-BT-CH-1）の手持ちがありましたので，これを使いました．

10Hの120Hz（60Hz×2）のインピーダンスは約7.5kΩですが，直流抵抗は約250Ωです．直流の電圧降下は0.06A×250Ω＝15Vで，交流分は7.5kΩの抵抗と同等になります．近年のオーディオ機器ではハム音は皆無です．オーディオアンプを製作する際は，チョーク・トランスを入れてハム音を抑えることが必要です．

■ 電解コンデンサ

電解コンデンサは，秋月電子通商で販売している400V耐圧（ルビコンのPXタイプ）のものです．これは小型で素晴らしい性能だと思います．電解コンデンサは3kHzまでの性能が表示されていましたが，電子機器にインバータ回路が多く使われ，高い周波数でもパスコンとしての役目を果たすように改良されています．

小型化が進み，シャーシに穴を開けて大型のブロックコンデンサを取り付ける必要がなくなりました．温度に対しても今まで工業用の規格とされていた105℃が一般的になり，長寿命の製品となっています．小型で安価ですからこれをお勧めします．

■ 抵 抗

抵抗は¼W型の金属皮膜抵抗（±1%）が安価に入手できるので，それを利用すると良いでしょう．現在は表面の塗料が高温に耐えられるため昔より小型になっています．

各抵抗は両端の電圧を測ってワット（W）を計算してください．$W=E^2/R$を忘れずに，計算値の2倍くらいの耐電力があれば良いでしょう．42のカソード抵抗は1W以上のものが必要です．

■ その他の小物部品

使用したシャーシキットには，電源SW/ピンジャック/スピーカ端子などが入っていて大変便利です．ST管を使用する場合は穴の開け直しが必要です（1mm厚鉄板の穴開けは大変）．

調 整

2段増幅のステレオ・アンプに調整は不必要と思う方も多いでしょう．しかしそれは間違いです．回路図どおりに回路を組んでも，特性が違ってしまうのです．理由は，トランス/コンデンサ/真空管などの特性がばらついているためです．

今でこそ誤差が±1%の抵抗がありますが，昔は±20%でした．同じ真空管でも多くの特性が異なることがあります．トランジスタなどは，同一品種でh_{fe}が10倍も違うものがあったくらいです．本来であれば，トランス/コンデンサ/真空管などを使う場合は事前に測定器で測る必要があります．

■ 組み上げたアンプの特性

まずは組み上げて周波数特性を測ります．ネットワークアナライザがあればベストですが，低周波発振器とACボルトメータ（オーディオ用）があれば測定は可能です．**図3**（p.29）のように接続すれば良いでしょう．出力は一般家庭で聴取するレベル0.1W近くで良く，大音量でのチェックは不要です．

• 左右の周波数特性を合わせる

両チャネルの特性をそろえると，音像がはっきりするとともにステレオ感が増加します．片チャネルごとに特性を確認します．このアンプは，低域は結合コンデンサと42のグリッド抵抗で，高域は出力トランスの1次側に付いているコンデンサ（p.28，**図1**，**図2**の※印の部品）によって特性を調整します．

低域をフラットにするとスピーカの70Hz近くにあるf_0（共振周波数）で変な音がしてしまうので，1kHzに対して100Hzで4〜7dBくらい低下させる特性を作ると明瞭な音質になります．

高音も，1kHzに対して10kHzで0.2〜0.5dBくらい低下させるとキンキン音が少なくなり，長時間聞いていても疲れない音質となります．このあたりの定数は各セットメーカーが試聴に試聴を重ねて設定したものなので，左右の調整程度にしておくのが良いでしょう．

真空管のポテンシャル

3極管結合の42は音が良いと昔からいわれていました．実際に試してみるとその良さを実感します．効率や省スペースそして出力を考えると，ICなどの半導体となってしまいます．しかし実際に現代の実売10万円以上のオーディオアンプと切り替えて聞き比べてみても，優劣がつかない情報量と感じます．

自作を行うとこうした楽しみを味わうことも可能です．もちろん真空管が全てではなく，デバイスは適材適所で使い分けることが大切です．技術が確立しているオーディオなどは真空管を使って楽しい分野の一つでしょう．

点灯したヒータを見ているだけで何となく癒(いや)されるのは不思議です．また，ブラックボックスのない古い技術を学ぶと現代の技術も見えてきます．

参考文献

(1) RCA Receiving tube Manual 1937
(2) 有坂 英雄 JA1AYZ，真空管談義，郁明社
(3) **https://mamegoro6.jalbum.net/ja0bzc/**

第3章 製作に必要な道具

3-1 自作に必要な測定器

1960年代の製作

当時は多くの小学生や中学生がラジオの製作にチャレンジしました．当然のことながら測定器らしいものはテスタがあれば良い方でした．本に書いてある部品を求め，その実体配線図どおりに作ったというのが実情だったのではないでしょうか．そして，ローカルの放送が聞こえればそれだけで感動したのです．筆者の自宅は，放送局まで1.5kmで，電界強度も強く，鉱石やゲルマニウム・ラジオでも聴取できる好条件です．

しかし，最寄りの放送局より離れた山麓などに住まれていた方などが最初に聞こえたのは日本語ではなく，モスクワ放送や北京放送などだったそうです．当時のラジオ製作は，実際に放送している局の電波を聞いて調整しました．このような状況だったので，聞こえれば良い方だったでしょう．

■ 当時の測定器

筆者がCQ ham radio誌1972年8月号に掲載された50/144MHz 2バンド・トランシーバを製作したときの測定器は，アナログ・テスタと200MHzまで使える1950年製のデリカのグリッド・ディップ・メータだけでした．当時のOMも大同小異ではなかったかと思います．この2バンド・トランシーバは，少し手を入れて現在でも交信できる状態を保っています．

この2つだけでも高いレベルの受信機を自作できると思います．一部を除いて，受信機は不要な電波を外部へ発射しないので，このように簡易的な測定器のみでも自作を楽しめるのです．送信機は，新スプリアス規格などから，簡単な測定器だけでの製作は少し難しい気がします．

トランシーバ完成の1年後，SSTVを行うため，動画を静止画に変換するコンバータを製作しました．これはNTSC信号をデジタルデータへ変換するもので，JA0TAQ 中村OM(SK)に教えていただきながら，3インチの小さなトリガ式オシロスコープを作りました．これは何とか10MHzまで見え，市販の50MHz 2現象オシロスコープを入手するまでの数年間は便利に使いました．

信号発生器の必要性

受信機の試験で放送などを信号源にする場合，近隣の中波放送は比較的安定していますが，遠距離の昼と夜では電波の強さ(電界強度)が大きく変化します．放送局より数km離れただけで，朝夕の入感状況が大きく変化します．また夜間などは，ローカル局以上に遠い大陸の放送などが強く入感し，信号強度の差を感じません．

短波帯の電波の強さは極端に変化します．昼間はまったく入感しないのに，高い周波数ではローカルと同じような強さで遠い海外の局が入感したりします．VHF(超短波)帯以上になると，見通しのある電波のみが聞こえます．こうした信号を基準に受信機を調整することは現実には難しいと思います．

■ 受信機の調整に必要な測定器

スーパーヘテロダイン受信機の自作やメインテナンスには調整が必要で，それが受信機の性能を左右します．この調整には，目的の周波数の高周波へ音声で変調を掛けた信号が必要です．放送などの信号では，効率的な調整はできないと思います．

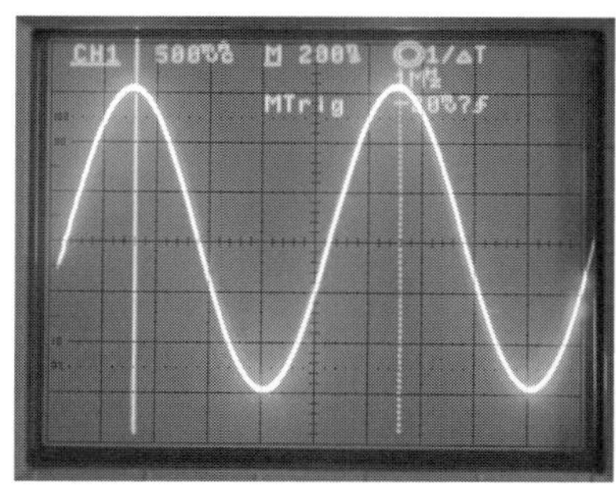

(a) 正弦波

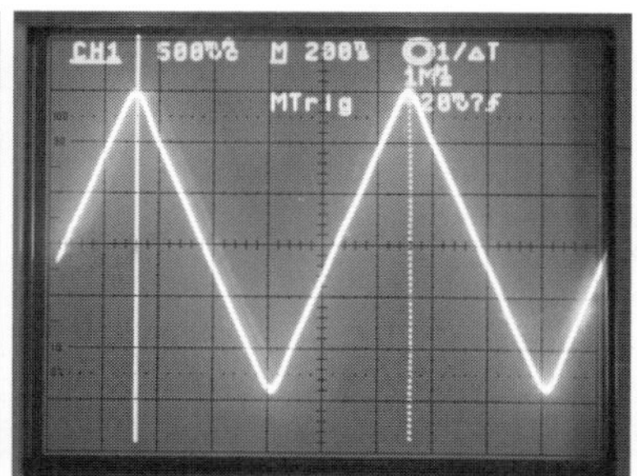

(b) 三角波

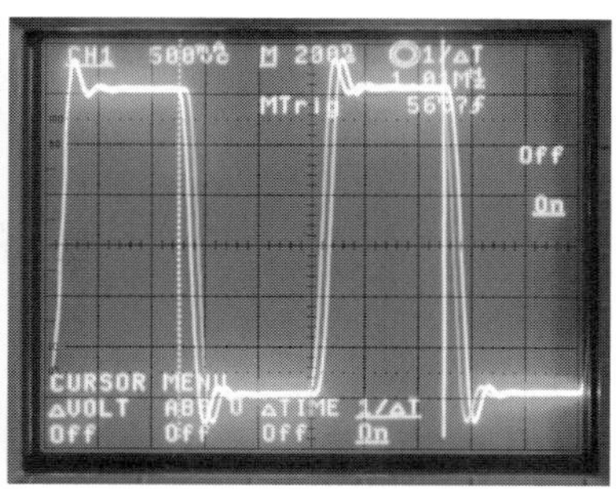

(c) 方形波

写真1　発振出力の波形測定例

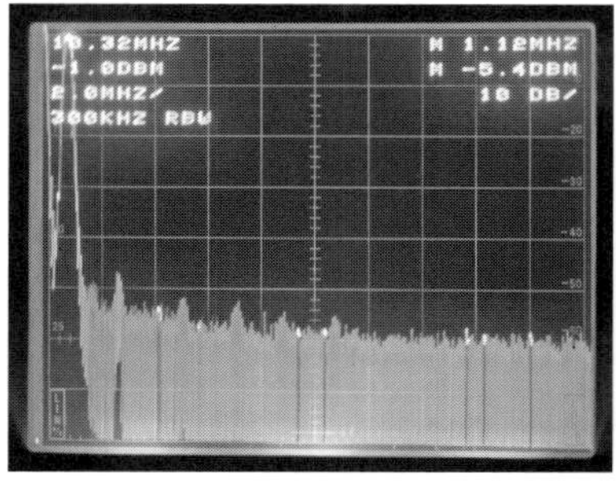

(a) 正弦波

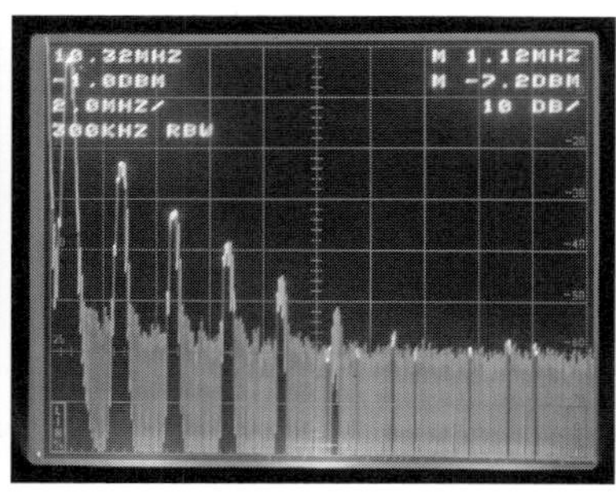

(b) 三角波

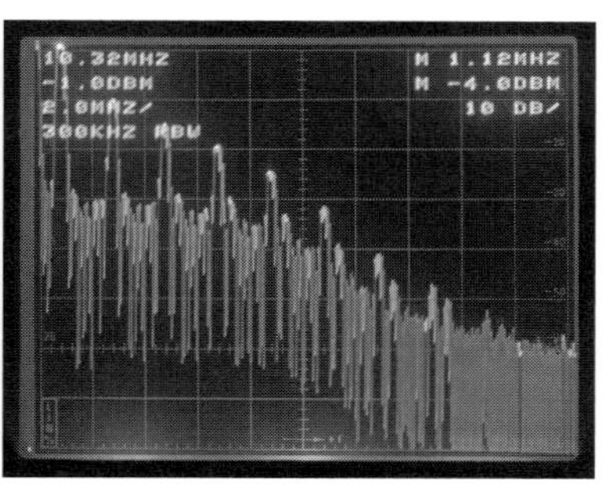

(c) 方形波

写真2　発振出力のスペクトラム測定例
正弦波はほとんど高調波が見られない．三角波の場合は奇数倍の高調波が発生し，方形波の場合は全体に高調波が発生する

• テストオシレータ(試験発振器)

1970年代頃までは，ラジオや受信機の調整にテストオシレータが使用されていました．これは100kHz～30MHz程度の高周波信号を出力しながら，1kHz程度の音声周波数で変調を掛けることもでき，出力レベルの調整が可能です．これでも十分に役に立ちます．

テストオシレータの難点は，正確な出力レベルが分からないことです．したがって正確な感度測定はできません．また*LC*発振回路ですので発振周波数のドリフト(ズレ)なども発生します．テストオシレータは構造も簡単で，多少の知識があれば修理可能な製品が多いと思います．現在は通信販売で海外製品が購入できます(3万5千円程度)．

また自作も可能ですが，自作のポイントは正弦波の出力でしょう．**写真1**に出力波形を示し，**写真2**にそのスペクトラム(周波数成分)を示します．ここでの留意点は正弦波以外の波形は高調波が発生することです．安価な発振器には方形波しか出力できないものもあります．テストオシレータにはできるだけ高調波の少ないものが必要です．

• 標準信号発生器(SSG)

これはテストオシレータを発展させたもので，任意の周波数で出力レベルを確定できます．また近

写真3　標準信号発生器の例(10kHz～2GHz)
周波数と出力レベルが確定できるので，受信機の調整には便利

写真4　5MHzまでのDDS発振モジュール
多機能で，少しの追加部品があればテストオシレータにも使用できる

年のものは出力周波数が数十GHzまで対応しており，周波数精度も極めて良好です（p.33，**写真3**）．

昔は大変高価で入手が難しかった標準信号発生器も，現在は数万円ほどで程度の良い中古品が入手できます．ローカルのOMさんに相談したり，CQ ham radio誌やトランジスタ技術誌に広告を掲載している販売店に問い合わせしても良いでしょう．20年前に100万円以上した測定器が，現在は3万円以下で入手できることもあります．

しかし，古い測定器はメーカーで修理できないことが多く，また一般のアマチュアでは修理や較正（調整）は難しいので，動作品の入手が前提です．

- **現代は安価なモジュールが活用できる**

写真4に示すようなAmazonで販売している“5MHz DDSモジュール UDB1005S”など正確な周波数で正弦波を出力できる基板があります［送料込みで5千円台から（2022年1月現在）］．こうしたモジュールを活用すると安価で正確な正弦波発振器になります．また“5MHz DDSモジュール UDB 1005S”は後述する周波数カウンタにもなります．

信号発生器だけでは受信機の調整には不便なので，低周波発振器と組み合わせて1kHzで変調を掛けると正確な周波数のテストオシレータとして使用できます．

共振周波数を知る グリッド・ディップ・メータ

これは，1970年代くらいまでの自作をするアマチュア無線局には必ずといってよいほど置いてあった測定器です．プローブ・コイルを対象のコイルへ近づけることにより被測定回路の共振周波数が分かり，受信機や送信機のコイルを巻く場合は大変便利です．ただし，その多くの測定周波数範囲は1.8～200MHzほどで，中波帯やIF周波数の455kHzに対応しているものはわずかです．

筆者は，現在でも受信機の自作には必須と思っています（**写真5**）．現在は国内で製造していませんが，通信販売で海外製を入手できます［台湾製，祐徳電子にて18,600円で販売（2022年1月現在）］．またキットもハムフェアなどで販売されています．中古品はネット・オークションなどで入手するしか方法はないでしょう．

周波数カウンタ

昔は，周波数を測るのは大変な作業でした．吸収型波長計の信号の吸収量でメータを振らせ，波長計の共振周波数と合わせて測定したのです．精密に周波数を測る場合は，ビート周波数を計測するヘテロダイン周測計という機器が使われていました．

HF帯であれば50MHz程度の測定範囲で大丈夫です．VHF帯以上の周波数の測定には高い精度の基準発振器を使用した周波数カウンタ（**写真6**）が必要で，これは発振回路の発振周波数が詳細に計測できるので大変便利です．

前述の5MHz DDSモジュール発振器（**写真4**）は60MHzまでの周波数カウンタを備えています．確度もアマチュアなら十分で，小型なので便利に使用できるでしょう．

回路試験用の電源

受信機などのアナログ回路へ使用する電源にスイッチング電源は不向きです．どうしても電源のスイッチング・ノイズが残ってしまうのでお勧めしません．自作した回路などの試験には，電圧が自由に設定できるシリーズ型の直流安定化電源（**写真7**）が便利です．半導体回路の実験なら，0～18V 2Aくらいのもので十分です．ネット・オークションでは，古いアナログ・メータ式の安定化電源が格安で大量に販売されています．この方式は人気がないようで本当に格安です．これに安価に市販されて

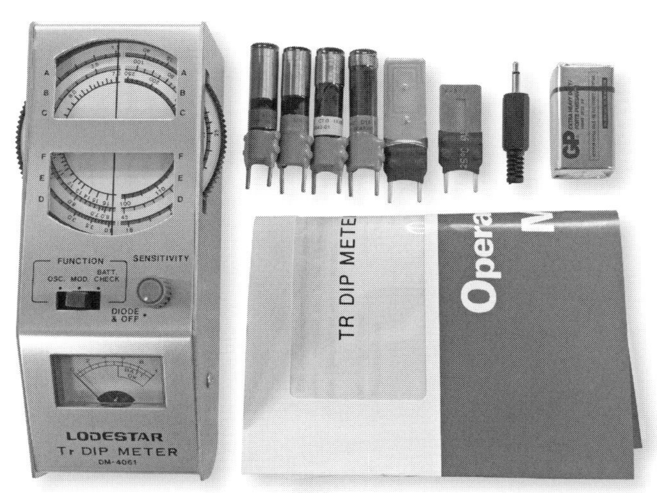

写真5　Tr DIP METER DM-4061
1.5～250MHzまで対応

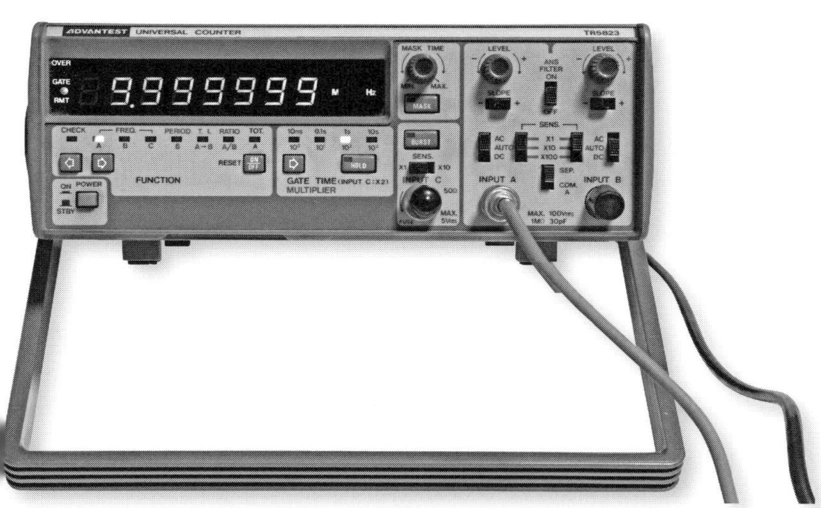

写真6　周波数カウンタの例
周波数カウンタの確度は，使用する基準発振器の周波数確度に左右される

写真7　左：アナログ・メータの定電圧電源，右：デジタル表示の定電圧・定電流電源
回路の製作には電圧が自由に設定できるシリーズ電源が使いやすい

いる3桁のデジタル電圧計を付ければFBです（写真7の左）．

■ 真空管回路の試験用電源

真空管回路の自作には，高電圧（B電源）の電源がどうしても必要です．もちろん高電圧の直流安定化電源（p.36，写真8）があれば一番FBですが，第2章で紹介した電源を使用すると良いでしょう．ちょっとした実験がすぐ始められるので，実験や製作が楽しくなります．真空管のB電圧はあまりシビアでなく，精度が要求される発振回路などの特別な場合を除き，安定化は必要ないでしょう．

• A電源

ヒータの点灯に使う場合は，定格のヒータ電流以上を流せるものが必要です（送信管などは5A以上のものもある）．ヒータが冷えている時は抵抗値が低くて電流が多く流れ，電源の電流制御（C/C）でヒータ電圧が既定の電源に上がらないこともあります．ヒータ電圧が規定値にならないと，真空管本来の性能が出ないので注意が必要です．

テスタなど

■ 入力抵抗の高いテスタ

インピーダンスの高いアナログ回路には，内部抵抗の高いテスタが必要になります．これは多少高価でも信頼のおけるメーカー製のテスタをお勧めします．

■ 100kHzで測定できるLCRメータ

自作の場合，巻いたコイルのインダクタンスが測れて便利です．

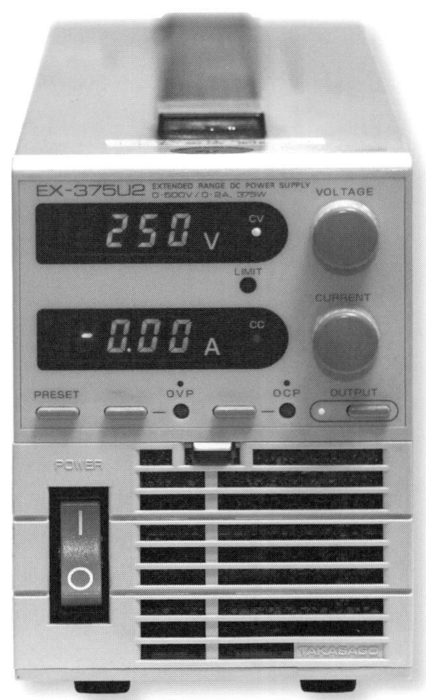

写真8　500Vの定電圧・定電流電源
この電源はスイッチング方式

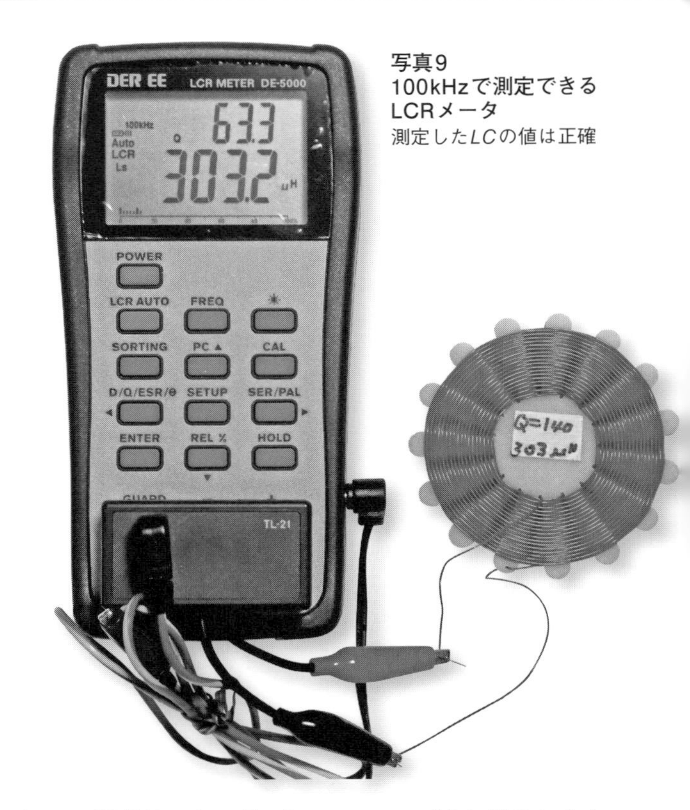

写真9
100kHzで測定できるLCRメータ
測定した*LC*の値は正確

グリッド・ディップ・メータでも共振周波数からインダクタンスを計算できますが，直読は便利です．LCRメータはコンデンサの値も正確に測定できます．DE-5000が安価かつ正確で，秋月電子通商で販売しています(**写真9**)．

高周波でコイルを測定する場合，100kHz以上の周波数で測定しないと，実際に使用する状態での値が示されません．1kHzや10kHzで測ってもまるで違う値となるので注意が必要です．またオーディオ用のLCRメータは，高周波には使えないことを覚えておきましょう．

オシロスコープ

オシロスコープを使うと回路各部の電圧の変化を捉えることができます．やはりこれを使うなら，変調波形などの確認をしたいものです．ただデジタル・オシロスコープでは，AMの変調波形(エンベロープ波形)が見えない機種もあるので注意が必要です．購入の際はNTSC信号(アナログのテレビ信号)が見えるかどうか確認する必要があります．アナログの変調信号が見えないと，高周波回路用には不向きです．設置スペースと信頼性が確保できるなら，筆者はアナログ・オシロスコープをお勧めします．

- **必要な帯域**

短波帯までの調整用として，50MHzの帯域を持つオシロスコープが入手できれば十分で，3.5MHzや7MHz帯までなら20MHz程度のものでも使用可能です(オシロスコープの最大周波数帯域では，信号振幅が約半分の表示となります．電圧誤差2%を確保するなら最大周波数帯域の1/5となりますが，アマチュア無線用なら最大周波数帯域の1/3でも，おおよその電圧は把握できます)．

- **有名メーカー製でも6万を切るものが**

海外製のデジタル・オシロスコープは2～3万円ほどから販売されています．有名な計測器メーカーのものでも6万円を切る価格です．ただし前述のとおり，エンベロープ波形が観測できることを確認しましょう．

中古で流通しているアナログ・オシロスコープは，全体的にかなり年月が経(た)っています．特にスイッチなどの銀接点では接触不良などが多発するので，入手の際には注意が必要です．個人での修理は難しく，これも必ず動作品を購入することをお勧めします．機種によっては修理対応が終了しているものも多くあります．

3-2 キットを流用したテストオシレータ

シグナル・ジェネレータを作ろう

筆者が小さい頃，多くのラジオ店の店頭にはテストオシレータが鎮座していました．うろ覚えですがこれを実際に使っているところを見たことはありません．お店の顔として「こんな素晴らしい機械で調整しているのですよ」という看板の役割が大きかったのでしょう．これは，戦後GHQの指示により再生式受信機の製造販売が禁止され，スーパーヘテロダイン方式の受信機の販売と修理が必要になったからです．

当時のラジオには物品税があり，庶民にとって大変高価なものでした．物品税を抑えるために，ラジオ店も自分で組み立てたラジオを販売していました．ローカルの2文字コールOMはラジオを50台も組み立て，その利益で当時最高級の米国製通信用受信機を購入して，アマチュア無線を楽しんだと聞いています．

スーパーヘテロダイン方式の受信機は，テストオシレータやシグナル・ジェネレータがないと調整ができないため，技術を売りにしていたラジオ店には必要不可欠の技術力をアピールするグッズだったのかもしれません．

■ 信号発生器

スーパーヘテロダイン受信機の調整には信号発生器が必須です．これはICを使った簡単なものでもスーパーヘテロダインなら同じです．以前，数多

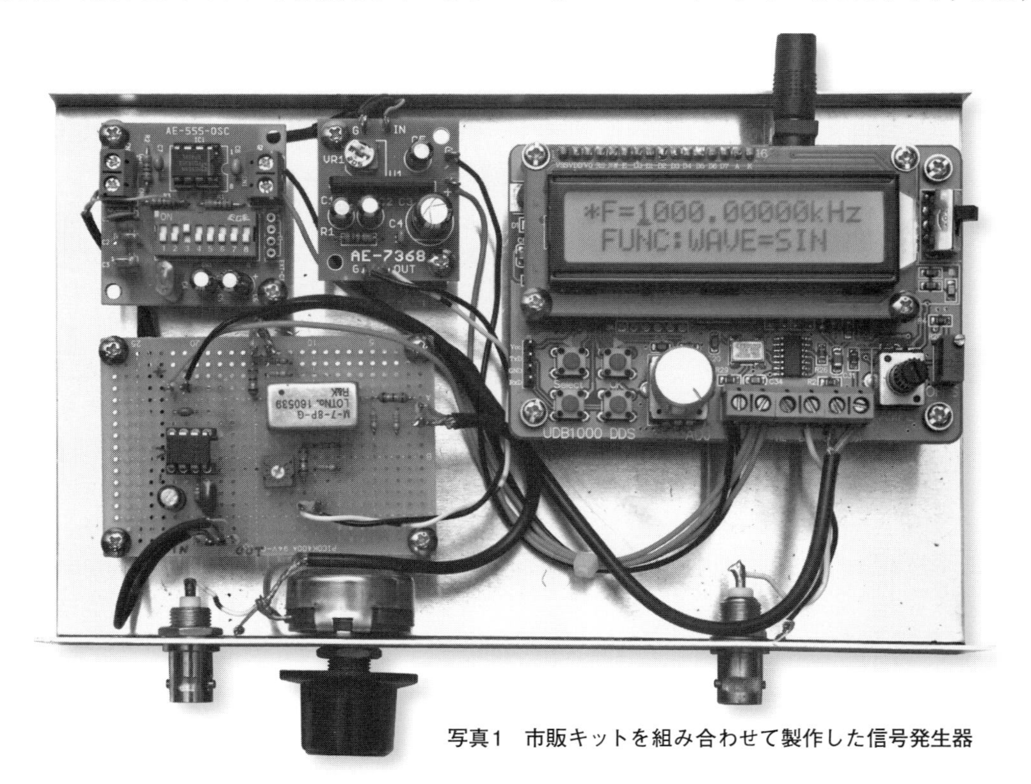

写真1　市販キットを組み合わせて製作した信号発生器

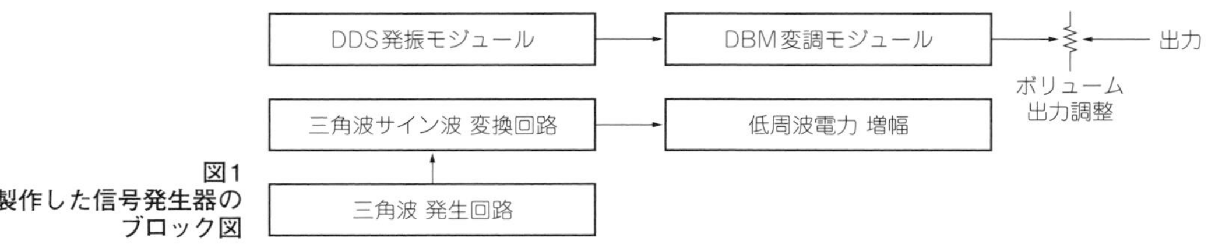

図1
製作した信号発生器のブロック図

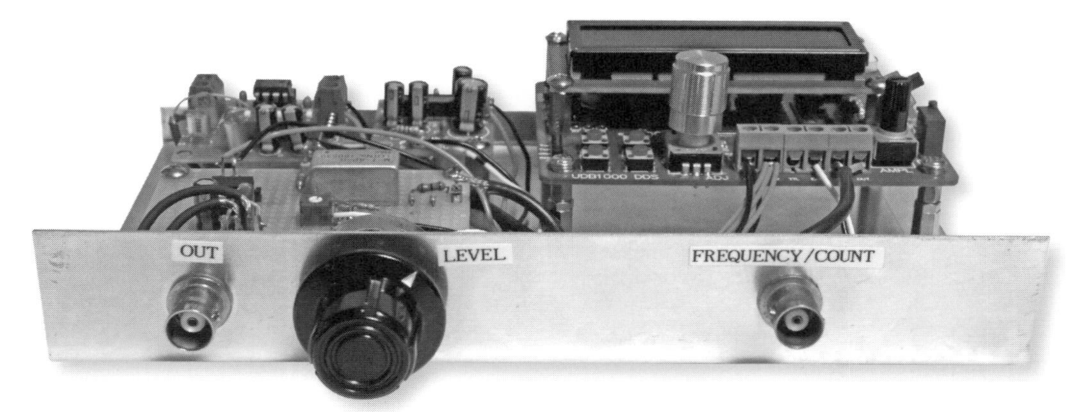

写真2　左端子は出力，VRは出力レベル，右端子は周波数カウンタの入力

く販売されていた国産の6石スーパーキットは，事前にIFTが455kHzに調整されていたので，組み立てればとりあえずは動作しました．

しかし，現在販売されている6石スーパーキットは海外製がほとんどで，事前にIFTの調整はされておらず，信号発生器がないとまともに動作しないと思います．またIFTの調整以外にトラッキング調整なども必須で，簡単なものであっても，スーパーヘテロダイン方式は調整で性能が決まります．

市販キットを活用した信号発生器

ここでは一般に市販されている5MHz（Amazon “UDB1005S”）を活用することを考えました．DDS発振モジュールの出力をキャリア（搬送波）として利用します．

受信機の調整にはどうしても変調が必須です．そこで低周波信号の発振器として秋月電子通商の“マルチ周波数オシレータキット AE-555-OSC”を使用します．AM変調を行う低周波アンプとして同社の“小型アンプキット AE-7368”を活用しました（p.37，**写真1**と**図1**）．

変調回路だけは，安価に市販されているキットやユニットで探すことができませんでした．しかしこの部分もDBMモジュール[注1]を使用することで，簡単に穴開き基板で製作ができます．これらを組み合わせると，5MHzまでの信号発生器と60MHzまでの周波数カウンタが完成します（**写真2**）．

■ 変調の必要性

なぜ信号発生器の出力を変調する必要があるのでしょうか？ 搬送波を受信しても音がしません（CWは搬送波とは別の発振器との周波数差で音がする）．搬送波のみで受信機の調整ができないことはないのですが，耳で音量を確認できないと効率的な調整はできません．

受信機の調整は，この変調信号を検波した低周波信号の強さをアナログ・テスタなどで確認します．

■ 使用するDDS発振モジュール

このDDS発振モジュールは，ユニット完成品の出力レベルがDBMモジュールの入力レベルに合致しており，このまま使えるため便利です．しかし最高周波数は5MHzまでとなります．また三角波や方形波などの出力も可能で，ファンクションジェネレータとしても使用できます．

今回は，中波帯とローバンドの短波帯受信機の調整に使用したいと思っているので正弦波出力を使うことにします．もちろんもっと高い周波数まで発生させることができればよいのですが，低い周波数帯（455kHzや中波帯・HFのLOWバンド）には最適でしょう．

ほかにも同程度の価格帯で販売されているDDS発振モジュールがあります．24MHzまでや，それ以上の周波数が出力できるものです．しかし出力レベルが低いので，別途に広帯域増幅器を付ける必要があります．

- **その他の機能**

この5MHz DDS発振モジュールには，60MHzまでの周波数カウンタ機能が付いています．感度は10dBm（10mW）程度ですが，これも十分に活用できます（**写真3**）．

注1：DBM（Double Balanced Mixer）は二重平衡変調器と呼ばれ，ダイオードを使用したものはリング変調回路と呼ばれる．1つの部品として市販されている

写真3　周波数カウンタモードでは60MHzまで測定できる

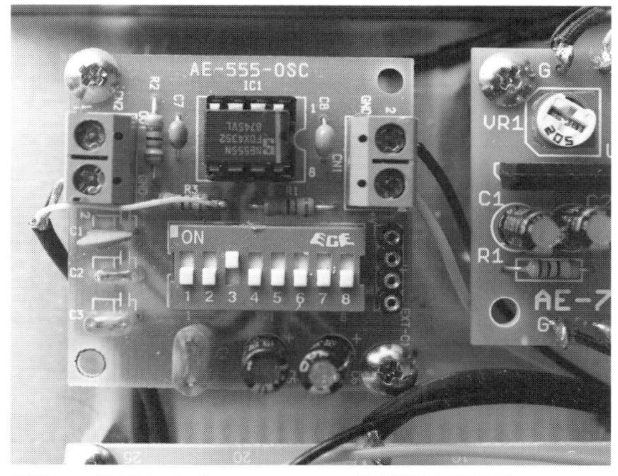

写真4　使用した“AE-555-OSC”低周波発振器
方形波の発振器から三角波を取り出して利用する

• 取扱説明書をよく読む

このモジュールの使用方法は取扱説明書に記載されています．これのつまみは2つで，押しボタンも4個だけですが，多くの機能が詰め込まれています．

取扱説明書をよく読んで使いたいものです．電源を入れると信号が出るので，オシロスコープなどを接続して信号を確認すればよいでしょう．

■ 低周波発振器

変調用の低周波発振器は，ディップSWの設定により周波数を変更できるなかなか便利なものです．使用している“NE555”は2個のコンパレータとフリップフロップ回路で構成されています．キットの出力は方形波ですが，ここでは時定数コンデンサが接続されている部分から三角波を取り出しています．

このキットはディップSWの3番をONにするだけで約1kHzの波形が得られます．周波数はおおよそですが，気になる方は時定数のCとRを調整すればよいでしょう．三角波の出力はキットの抵抗R_3から直接取り出します（**写真4**）．

■ 低周波増幅器

後述のDBMモジュールは入力インピーダンスが50Ωです．それに対応するため低周波アンプを使用しています．

今回はTA7368使用の小型アンプキット（秋月電子通商）が安価で売られているのでこれを使ってみました．

DBMモジュールの各ポートの入出力インピーダンスは50Ωで，各ポートは50Ωでターミネートする必要があります．これは音声回路も同様で，50Ωの終端抵抗を付けます．一般的なOPアンプは600Ωくらいの負荷を想定して設計されています．50Ωの負荷には耐えられませんので小さなオーディオアンプを使用しました（**写真5**）．

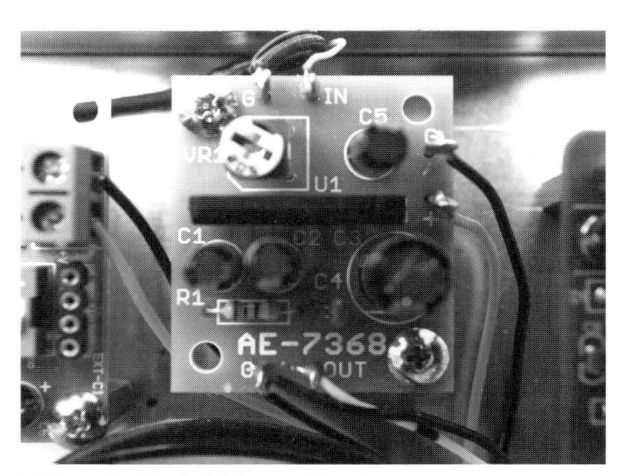

写真5　使用した小型アンプキット
BTL出力のものは結合が難しいので使用しない

自作する変調基板

この信号発生器を製作するに当たり，いろいろな変調器を考えてみました．一般的なトランジスタを使い，コレクタ，ベース，エミッタなどで変調するにはなかなかコツを要します．深い変調を広い周波数で安定に掛けることが難しいので，今回はDBMモジュールを使用しました．

DDS発振モジュールの出力インピーダンスが50Ωであること，出力レベルが十分にあることを考えてDBMが良いと考えました．DBMを使ったAM変調の方法は「改訂新版 定本 トロイダル・コア活用百科」（山村英穂 著，CQ出版社）に詳しく記載されているので参照するとよいでしょう．

■ DBMでのAM変調

DBMでAM変調ができることはあまり知られていませんが，AM波はサイドバンドと直流の合成信号です．AM波を検波すれば音声信号とAGC回路を動作させる直流が出てくるので，理解できると思います．

しかもDBMで変調すると任意の変調度を得ることができます．もちろん100％変調も可能です．DBMは大きな電力は扱えませんが，90dBμVくらいの出力を得ることはできるので，通常のラジオや短波受信機の調整には十分だと思っています．

■ 使用したDBMモジュール

DBMモジュールは“R＆K”の“M-7”を使用しました．LOCALの入力レベルが＋7dBmの一般的なものです．RFとLOCALポートが0.5～500MHz，IFポートがDC～500MHzの大変ポピュラーなものです．

今回使用した“M-7”は“R＆K”のWebサイトではアナウンスされていません．斉藤電気商会（秋葉原ラジオデパート3F）には常時在庫があるそうです．1個1,100円＋消費税で入手できます．もちろん，TDKのものや米国ミニサーキット社のものでも使用可能です．手持ちがあれば利用されるとよいでしょう．

■ 低周波信号の三角波から正弦波への変換

1kHz程度の方形波の発振回路はたくさんありますが，サイン波はなかなかありません．三角波は比較的サイン波に似ているので波形を変更するには便利です．今回使用したキットの“555”には三角波の出る端子があることを思い出し，ここに積分回路（ローパス・フィルタ）を接続してサイン波を得ています．

三角波のレベルも十分にあるので*CR*による1段の簡単なローパス・フィルタを設けました．この部分の市販キットがなかったので，この部分のみDBMモジュールと一緒の穴開き基板に組んであります（**写真6**）．

写真6　製作した変調基板
低周波のローパス・フィルタとDBMモジュールを実装

信号発生器の組み立て

■ 変調基板

DBMモジュールおよびOPアンプを使った簡単なローパス・フィルタのみ穴開き基板（サンハヤトICB88相当）に取り付けています．

穴開き基板の配線には注意が必要です．ICなどのピン配置はトップビュー（上から見た）ですが，実際にはんだ付けするのはボトムビュー（下から見た）になるからです．その他は簡単な回路なので，問題ないと思います（**図2**）．

■ 信号発生器として仕上げる

もちろんケースに入れる方がより良いでしょうが，使用したDDS発振モジュールの操作部分がプリント基板上にあるので，**写真1**（p.37）のような形となりました．20cm×12cmのアルミ板の上へ配置しています．

昔のシグナル・ジェネレータにはコイルという電波を放射しやすい部品がありましたが，今は小さなICの中で全ての処理が済んでいるので，不要電波の放射はかなり軽減されています．信号源としては優れているでしょう．

- **電源**

電源はDDS発振モジュールに付属している5V 1Aの小型ACアダプタをそのまま使っています．

- **高周波部分の結線**

DDS発振モジュールの出力は1.5D-2Vの同軸ケ

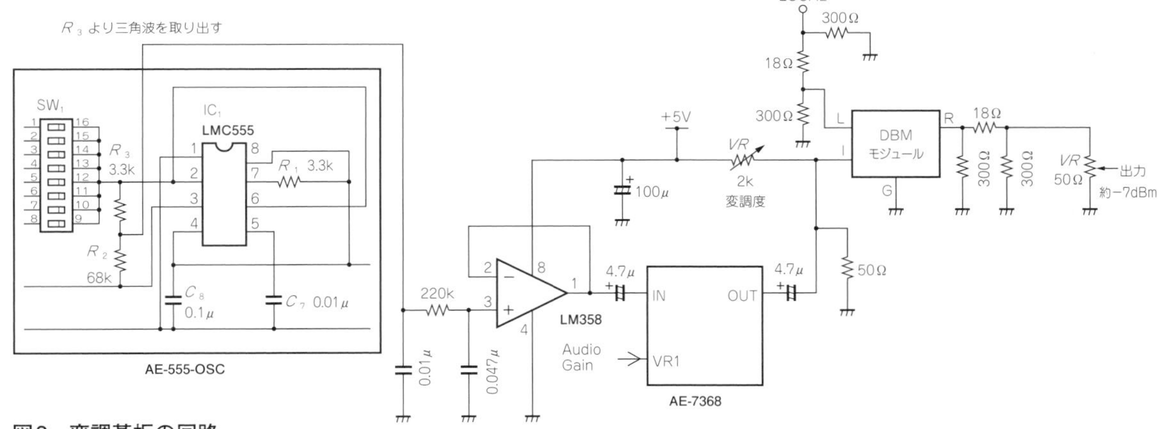

図2 変調基板の回路

ーブルで変調基板のDBMモジュールへ信号を入れています．

• 他の結線

図1（p.37）に示すブロック図のとおりに接続します．写真を参考に配線してみましょう．今回使用したDDS発振モジュールの基板のねじは外れませんでした．そこで15mm長のオスメス・スタッドを付加する形で取り付けました．このモジュールは分解を考えない方が良いと思います．

• 上級者の方へ

もちろん，DDS発振モジュール以外を1枚の基板とすることも可能です．今回はできるだけ市販の安価なモジュールの使用を考え，3枚の基板で構成しました．もう少し小型に製作したい方や手持ちの部品がある方，基板の製作に慣れている方なら，1枚の基板への組み込みは可能です．もちろん，プリント基板を製作すればもっとFBだと思います．

調整とテスト

■ 変調波形はオシロスコープで確認

DBMで変調すると，搬送波がまったくないSSB信号の両側のような状態となります（DSB）．DBMのIFポートに直流を重畳することで搬送波が出力されます．

ここでは“変調度VR”でキャリアを調整します．この可変抵抗と“オーディオ・ゲイン”の可変抵抗を調整して，オシロスコープを見ながら奇麗なAM波が出るようにします（**写真7**）．受信機などの調整には変調率が30%の信号が使われるので，“変調度VR”に30%の位置を記入しておくと良いでしょう．

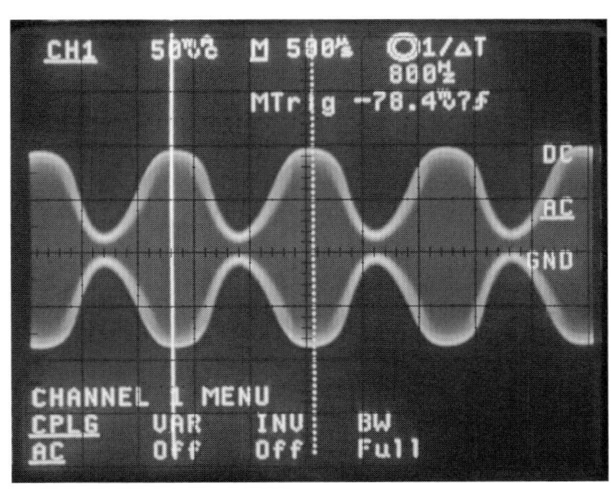

写真7 測定した変調波形
奇麗な変調が掛けられる

■ 信号を受信してみる

受信機の周波数に，この信号発生器の周波数を合わせれば，1kHzの“ピー”という音が聞こえると思います．また出力ボリュームを回すと信号が弱くなったり強くなったりすることを確認しましょう．筆者の製作したものはこの出力ボリュームで約30dBの変化量がありました（p.42，**写真8**）．

ボリュームの代わりにアッテネータを付け，基準となる測定器と校正すれば完璧ですが，このままでも十分調整用の信号発生器になります．

■ 逓倍（ていばい）で10MHzまでの信号源とする

7MHz帯やBCL帯の受信機を調整する際に，10MHzまでの信号源として使いたい場合がありま

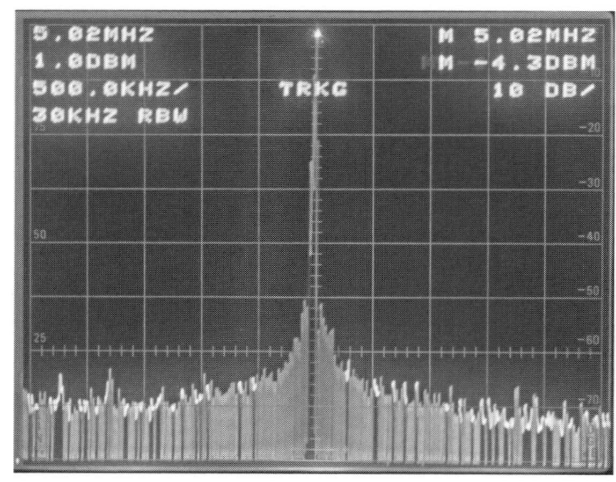

(a) 最大時

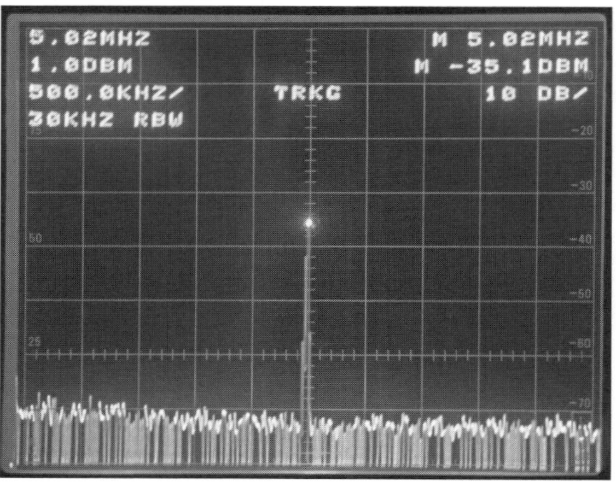

(b) 最小時

写真8　スペクトラムアナライザで見た出力レベル

す．レベルは下がるものの，DBMモジュールをもう1つ使ってダブラー（2逓倍）として動作させられます．IFポートとLOポートに信号を入れるとRFポートからは2倍の周波数を取り出せます（**図3**）．3倍の高調波成分と組み合わせると，HF帯はかなりカバーできるものになります．

DDS発振モジュールの出力を方形波に設定すると，さらに高い周波数に使える信号発生器となります．しかし高調波を使う場合は，逓倍次数の取り違えのミスが発生するので特に注意が必要です．

今回製作した信号発生器を使うと，いろいろな応用ができます．これが1台あると，ラジオや受信機の製作・調整・修理が格段に楽になります．トータル数千円でできる信号発生器にチャレンジしてみませんか．

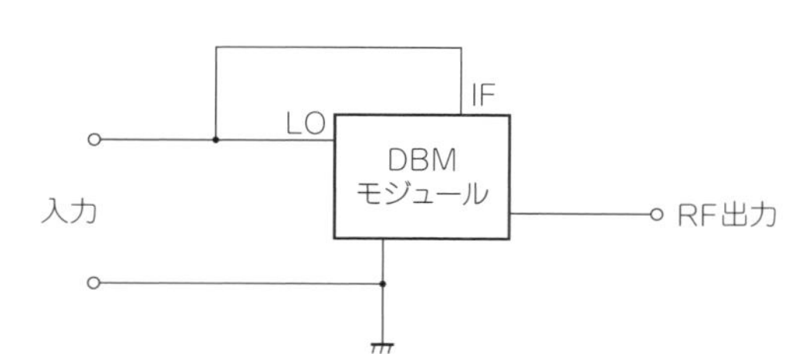

図3　DBMモジュールをDBM逓倍で使う結線

Column ❶　逓倍と高調波について

アマチュア無線のバンドがどのように決まっているかご存じでしょうか？ 第二次世界大戦以前からある周波数は以下のとおりです．

1.8/3.5/7/14/28/56（50に変更）/ 112（144に変更）MHz（21 MHzは第二次世界大戦後に解放された）

2の倍数の周波数になっていることが分かると思います．これは，昔の送信機はある周波数で送信をすれば，必ず整数倍の高調波が発生したことによります．特に2倍波は強く発生しました．

昔，アマチュア無線局が電波を発射したとき，その2倍の周波数のところに他の無線局があれば，その無線局に妨害を与えてしまいます．しかしそこがアマチュア無線の周波数であれば，アマチュア同士ですから問題にはならないということのようです．

筆者も開局当時，3.5MHzで送信したら7MHzで応答を受けてびっくりした思い出があります．当時は“807”シングルの10Wですが，スプリアスが基本波に対して－30dBとして（当時はスプリアスなど測れる測定器は持っていなかった）10mWは出ていたと思われます．

数百mしか離れていなければ到達して当たり前ですよね．いつもより大変弱いねと言われて，3.5MHzで送信していることに気が付いたくらいで，良き時代であったと思います．

第4章 単同調受信機

4-1 2極管検波受信機

同調と検波

電波を受信するためには，大別して2方式があります．1つは従来からのコイルとコンデンサで同調（共振）させて目的の周波数を選局する方式です．もう1つは現代の主流で，周波数混合器を利用した選局となります．

復調（変調された信号から音声を取り出すこと）はAMやFMなどの変調方式に合わせた検波回路（変調された信号から音声を取り出す回路）を使用します．

今回は同調回路の基本であるコイルとコンデンサを使った選局のしくみと，AM検波の基本である包絡線検波（以下：エンベロープ検波と表記）でAM信号の復調を学習し，実験してみましょう．

■ 受信機の基本

無線通信が始まったおよそ100年前には，コイルとコンデンサの共振回路と検波器（変調された信号から音声を取り出す素子）が使用されていました．今もラジオや無線の入門とされているゲルマニウム（以下，ゲルマ）・ラジオは，この時代からの技術です．

ゲルマ・ラジオや鉱石ラジオの製作記事は現在でも人気があり，CQ ham radio誌をはじめとしたいろいろな本に掲載されています．ゲルマ・ラジオ（**写真1**）といえば，簡単な簡易ラジオというイメージ

（a）Q値約200の同調コイルを使用

（b）Q値約75の同調コイル（スパイダー巻き）を使用

写真1　ゲルマニウム・ラジオの製作例（JA0GWK製作）

(a) 並列共振回路：同調点でA・B間のインピーダンスは最大となる．同調回路でよく使用される

(b) 直列共振回路：同調点でA・B間のインピーダンスは最小となる．アンテナのトラップ回路などによく使用される

図1　並列共振回路と直列共振回路

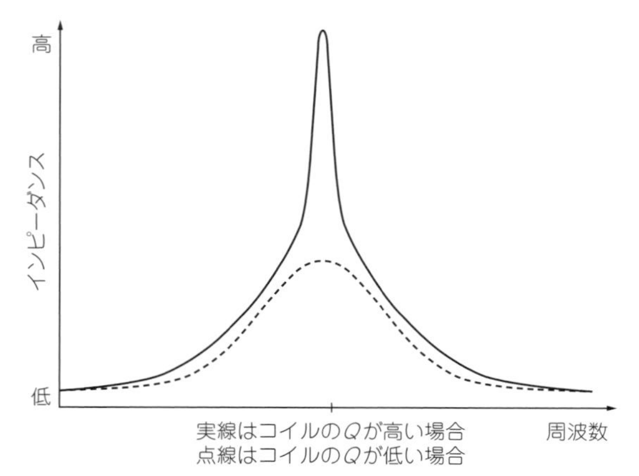

図2　並列共振回路の同調点インピーダンスのイメージ
コイルのQが高いほどインピーダンスは高くなる

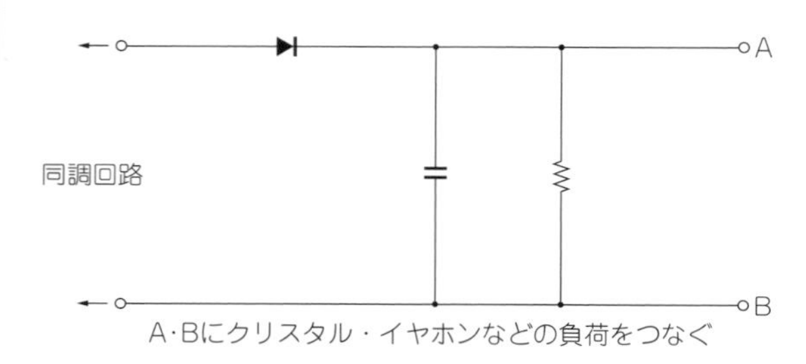

図3　エンベロープ検波回路例
ゲルマニウム・ダイオードの場合は逆導通抵抗があるので抵抗がなくても動作する

がありますが，その動作内容はかなり奥深いものがあります．受信機としての基本機能がこの中に詰まっているのです．

現代は各種トランジスタやICなどの優秀な半導体が低価格で購入できるので，コイルやコンデンサ（受動素子）などの小型化が可能となりました．しかし受信機の基本性能は，同調回路のコイルとコンデンサが大きく左右しているのです．

• **同調回路の概要**

同調回路は受信したい周波数だけを取り出す回路です．ここでは一般にコイルとコンデンサを並列にした並列共振回路が用いられます［**図1**（**a**）］．この回路のポイントはコイルとコンデンサの共振周波数の場合，**図1**（**a**）のA・B間のインピーダンスが非常に高くなることです．したがって共振周波数の信号がこの回路に並列に入力されると，ほぼそのまま通過することになります（**図2**）．

共振周波数以外の信号はアースに流れ，出力されません．この動作が受信機の同調回路の基本となるのです．同調回路の性能はコイルのQで決まります．

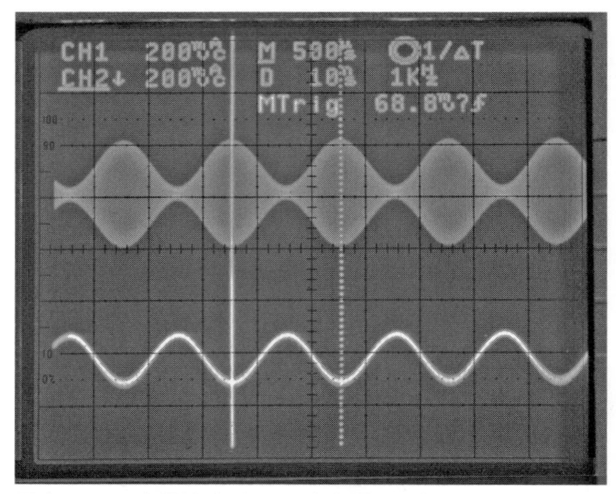

写真2　AM変調波（上）から音声信号が復調された波形
搬送波1MHz，変調周波数1kHz，変調度80%

• **検波回路の概要**

同調回路を通過した信号は，検波回路で復調（変調された信号から目的の信号を取り出す）を行います．検波回路も目的によってさまざまな回路が存在します．AM（振幅変調）の場合はエンベロープ検波がよく用いられます．回路的には簡単でダイオード1本と負荷で構成されます（**図3**）．

エンベロープ検波は入力波形の外形の上方か下方のいずれかを復調信号として出力します．ポイントは**写真2**のとおり，変調信号から音声信号が復調されることです．ここでは1MHzの搬送波（キャリア）に1kHzの信号でAM（振幅）変調を掛けた信号がダイオードを通過することで，外形の上方か下方のいずれかが1kHzの信号に復調されます（**写真2**では下方）．この出力は高インピーダンスなので，クリスタル・イヤホンなどのインピーダンスが高い負荷でないと聞くことはできません．

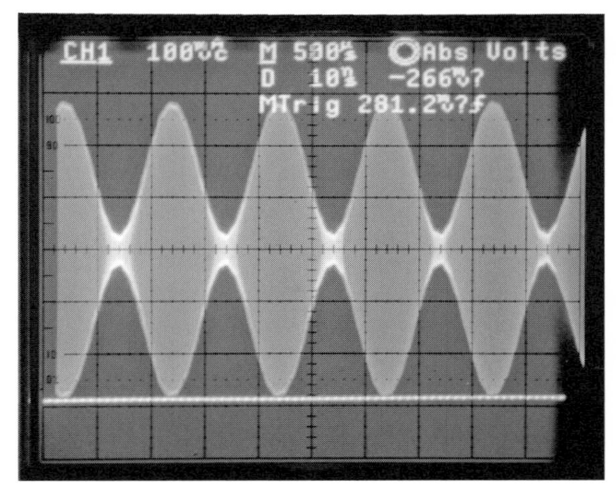

(a) Q値約200の同調コイルを使用

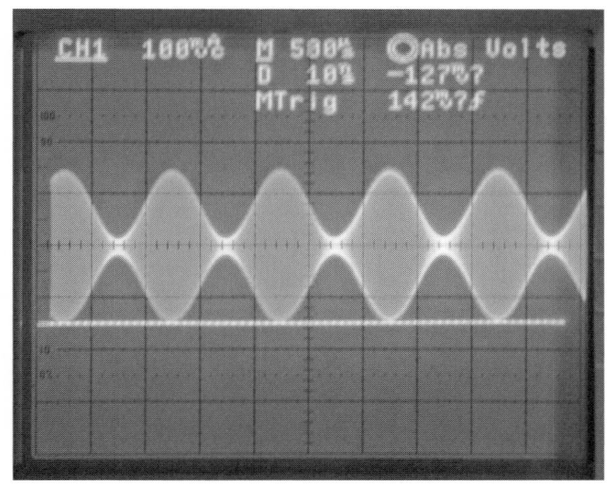

(b) Q値約85の同調コイル(スパイダー巻き)を使用

写真3 Q値の異なるコイルでの同調回路の出力を測定
コイルはほぼ同一のインダクタンス

(a) Q≒85 スパイダー巻き(単芯線)

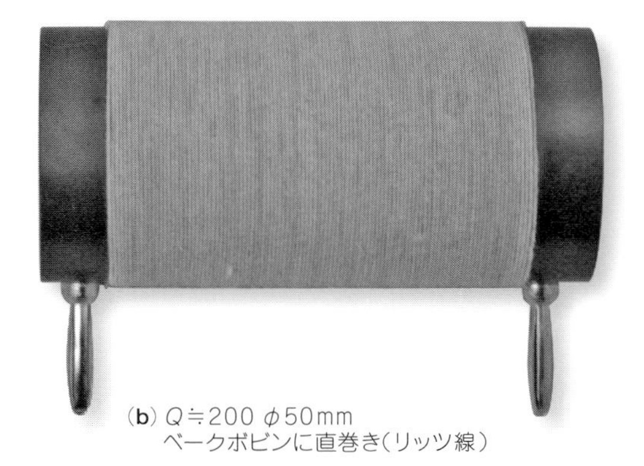

(b) Q≒200 ϕ50mm
ベークボビンに直巻き(リッツ線)

写真4 同調コイルの例

■ 同調回路の考察

• LC同調回路

コイルとコンデンサによるLC同調回路の増幅が優れている点は，以下の同調回路の式の示すとおりで，目的の周波数のみを選択し，目的外の周波数は減衰します．つまり目的の周波数のみを通過させることができます．

$$\frac{1}{2\pi\sqrt{LC}}$$

また式のLC同調回路には雑音を発生する抵抗分(R)がありません．抵抗分があると電流によって熱雑音が発生します．トランジスタや真空管は，増幅するためにどうしても電流を流すので，わずかですが雑音が発生してしまいます．メーカー製の高級無線機にもプリ・セレクタとしてLC同調回路が使用されているものが見られます．

• コイルのQについて(Q＝QUALITY)

共振を大きくすると，増幅回路を使わずに受信

写真5　リッツ線の例
リッツ線を使用するとコイルのQを上げることができる（5MHz以下）

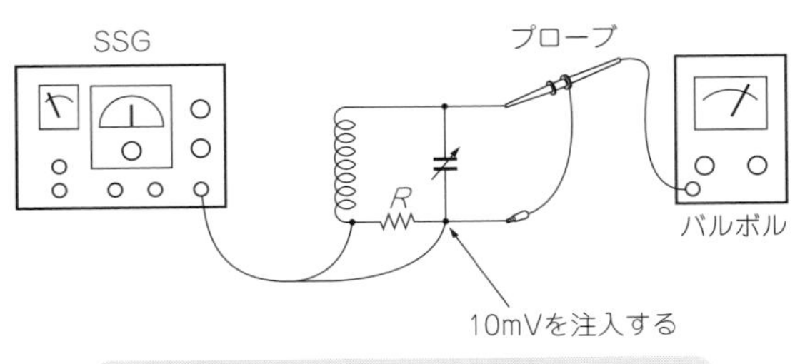

図4　コイルのQを調べる回路
「アマチュア無線の測定技術」（誠文堂新光社）より引用

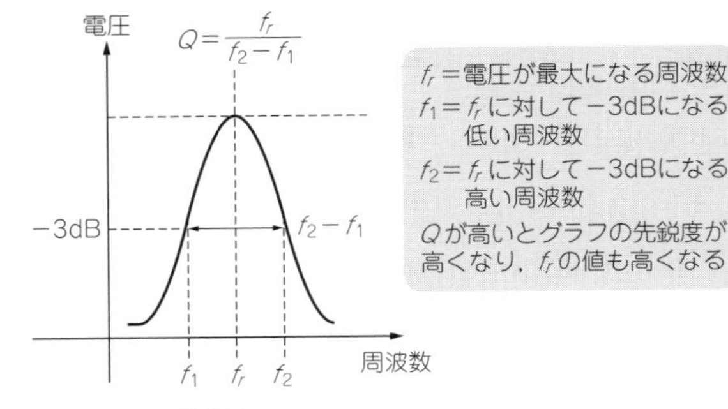

図5　Qの考え方

信号を大きくすることができます．具体的には，コイルのQを高めれば共振を大きくできます．同じインダクタンスのコイルでもQが違うものを使用した場合，同調回路から出力される信号電圧も異なります（p.45，**写真3**）．

これは，Qの高いコイルを使用すると出力を上げられることになります．同調回路に高いQのコイルを使用すると，受信機の感度と選択度の両方が向上させられるのです．

- **Qの高いコイル**

筆者の手元で測定した同調コイルのQを示します．最初期の受信機のコイルは綿巻き線で直径40～50mmのボビン型のものが多く見受けられます［p.45，**写真4**（**b**）］．昔の方々はQの高いコイルをよく知っておられたと思います．

鉱石ラジオに使われたスパイダー・コイル［p.45，**写真4**（**a**）］はQ≒85くらいですが，外部アンテナおよびヘッドホンのインピーダンスとのマッチングが良かったと考えられます．

実際に同調コイルを変えてみると，Qが50～60くらいのものとQ＝200くらいのものでは受信状態がまるで違います．同じ受信機とは思えないほどの信号で聞こえます．さらに全体の雑音が減って信号が浮かび上がって聞こえてきます．

昔は真空管の性能があまり良くなかったため，コイルの性能向上が重要な研究テーマでした．Qが高い場合と低い場合の違いは**写真3**（p.45）のとおりです．真空管やトランジスタの性能が向上するにつれ，コイルのQの重要度が低下して小型化の要求が増え，また製造しやすい部品に置き換わってきたと思います．

現在でも家電品に使われているインバータは，いかにQが高く効率の良い回路を作るかの研究開発が続いています．

- **Qの高いコイルの巻き方**

直径の大きいボビンにスペース巻きで巻くとQが上がります．コイルのR分を減らすことも大切です．高周波は導線の表面を流れるので，**写真5**のリッツ線（複数の細いエナメル線などを1本の線にまとめた線材）でコイルを巻くのも1つの手です．

図4のような簡単な回路でコイルの良しあしを判断することができます（考え方は**図5**）．高周波電圧計がない方はオシロスコープでも代用できますが，必ず10MΩのプローブで測りましょう．この回路

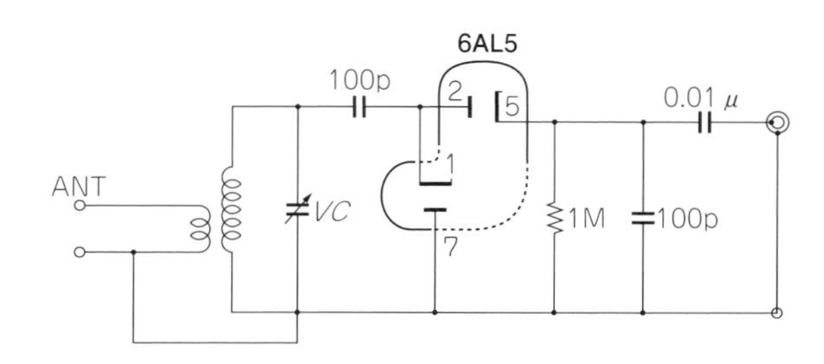

図6　製作する2極管検波ラジオの回路図

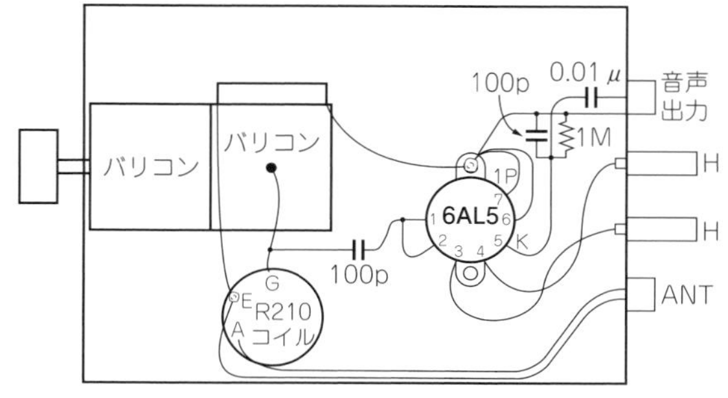

図7　2極管検波ラジオの実体配線参考図

での電圧は一応の目安とはなりますが，正確なQ値は求められません．“目安”と考えていただければと思います．

正確なQ値が必要であれば，やはりQメータでの実測が必要でしょう．

■ エンベロープ検波

前述のとおり，高周波の中に含まれている音声を取り出すことが復調です．現在アマチュア無線ではいろいろな変調が使われていますが，大きく分けて振幅変調（AM）と周波数変調（FM）になります．

• ゲルマ・ラジオで実験

写真1（p.43）のゲルマ・ラジオで受信を行ってみました．簡単な回路ですが検波効率は高いと思います．実際にこのゲルマ・ラジオをモノラルアンプに接続してみました．横浜市鶴見区では，約15mのロングワイヤ・アンテナでニッポン放送とラジオ日本が十分な音量で聞こえます．しかしそれ以外の局はこのゲルマ・ラジオでは受信できていません．

• ダイオードの順方向電圧降下について

ダイオードを検波器に使用する場合，ダイオード自体のV_F（順方向電圧降下）に注意が必要です．ゲ

Column ❶　スパイダー・コイルを巻く

以前なら並4コイルの名称で多く販売されていた，空芯のソレノイド・コイルの販売を見掛けなくなっています（オークションサイトではときどき見掛ける）．残念ながらコイルを巻くボビンも販売されていません．

しかし，スパイダー・コイルの枠は祐徳電子で販売しており今でも入手が可能です．コイルが入手できなければ，スパイダー・コイルを巻くのも1つの手です．中波帯なら430pFのバリコンで使う場合，同調コイルのインダクタンスは約220μH（62t）となります．アンテナ・コイルは27μH（20t）で巻いて17μH（16t）でタップを出して，アンテナに合わせて切り替えます．同調コイルとアンテナ・コイルの間隔は20mmとします（**写真A**）．手持ちのバリコンに合わせてインダクタンスも調整できて便利です．

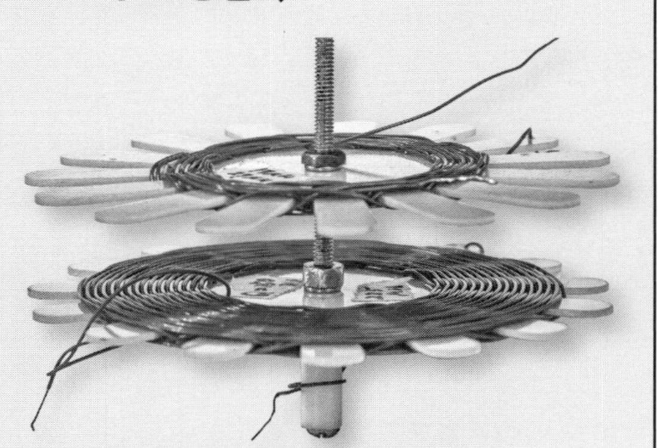

写真A　筆者が巻いたスパイダー・コイル
上：アンテナ・コイル
下：同調コイル

筆者はリッツ線の手持ちがなかったので，φ0.32mmのテフロン被覆のラッピングワイヤを使いました（Q＝150）．スパイダー・コイルの枠にはφ0.3mm程度の線が巻きやすいと思います．ただし普通のUEW線で巻くとQ＝100以下と性能は落ちます．スパイダー・コイルは枠の羽根を2枚おきに飛ばして交互に巻くのがコツです．

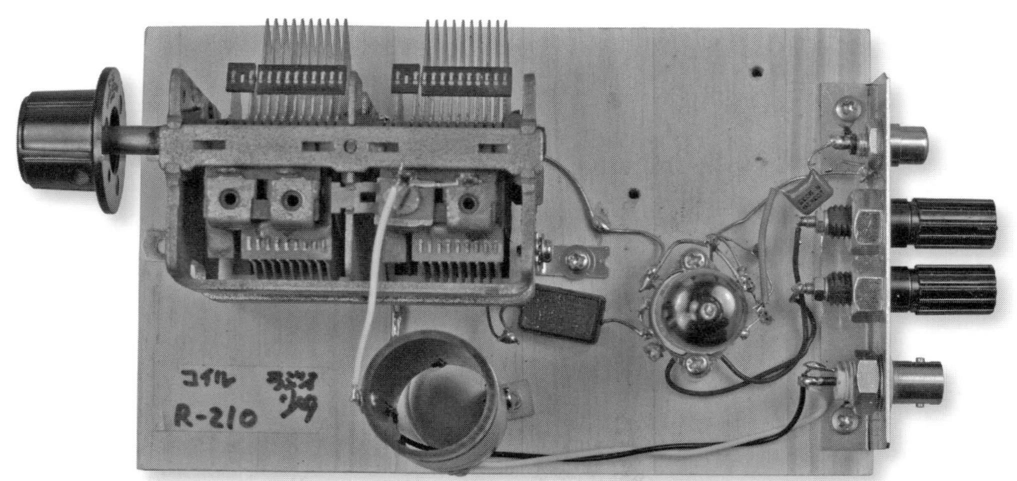

写真6　2極管検波ラジオの上面

表1　2極管検波ラジオの部品表

真空管	6AL5/5726	1	キョウドウなど
ソケット	7pMT用	1	サトー電気/祐徳電子など
バリコン	430pF 単連（2連でも使用可）	1	aitendoなど
コイル	スパイダー・コイル	1	コラム参照
抵 抗	1MΩ ¼W	1	サトー電気など
コンデンサ	0.01 μF 50V セラミック・コンデンサ	1	サトー電気など
	100pF 50V セラミック・コンデンサ	2	サトー電気など
その他	ジョンソン・ターミナル	2	サトー電気など
	アンテナ端子 BNC-J	1	秋月電子通商など
	ピン・ジャック 音声出力用	1	秋月電子通商など
	集成材 160×100×10	1	ホームセンター

ルマ・ダイオードの場合は約0.3VのV_Fとなります．

したがって，ダイオードのアノードとカソードの電位差が0.3V以上にならないと電流は流れません．これはある一定以上の電界強度がないと受信ができないことを意味します．

そのためゲルマ・ラジオではQの高いコイルが必要となるのです．昔の鉱石ラジオに使用した方鉛鉱の検波器（ダイオード）は，V_Fが低いため弱い信号も受信できたようです．そしてできる限りQの高いコイルを使用して，受信機の感度を上げる工夫がされていたのです．

• 倍電圧検波回路

筆者が小学生の時，何度かゲルマ・ラジオの倍電圧回路を試みましたが，大きな音となった記憶はありません．負荷が軽い（インピーダンスが高い）場合は電圧が高くなりますが，クリスタル・イヤホンなどを接続すると，倍電圧にはならないので耳で聞いても大きな差になりません．

今回は双2極管（1つの球に2つの2極管が入っている）を使った倍電圧検波回路としています．筆者宅近くにあるNHK第1放送ですが，半波検波方式での入感状態がやや悪かったので倍電圧方式で実験してみたところ，6AV6・6AR5のアンプでスピーカが十分に鳴ることが分かりました．

今はオシロスコープで波形を見ながら確認することができます．鉱石ラジオやゲルマ・ラジオは古い歴史があり，また研究者も多く本もたくさん出版されているので，興味のある方はぜひトライしてみましょう．

6AL5で作る2極管検波ラジオ

今回製作する2極管検波ラジオは，アンプと接続することによってストレート・ラジオとなります．

図6（p.47）に回路図を，**図7**（p.47）と**写真6**は実体配線の参考用です．このラジオには外部アンテナが必要です（**表1**は部品リスト）．

• 使用するアンテナ

こうしたラジオで放送を受信するには外部アン

写真7　手巻きスパイダー・コイルで製作した単球ラジオ
［アンテナ・コイル＝17 μH（16t），同調コイル＝220 μH（62t）］

テナが必要です．これは外に5～10m程度の線を張ることが必要です．昔はアースとして水道管が使用できたのですが，現在は塩化ビニル管なので使用できません．外にアース棒を打つか，洗濯機用のアースなどを使ってみるのも良いかと思います．

- **同調回路**

本機は空芯コイルを使用していますが，残念ながら現在は市販されていません．空芯コイルにこだわるなら，サトー電気の並4コイル（2022年1月現在，在庫僅少）くらいになると思います．これはフェライトバー・アンテナとポリ・バリコンのセットを使っても良いでしょう．このラジオを製作する場合は単連で問題ありません．

- **検波回路**

2極管検波の場合，利得（Gain）はありません．今回の回路はヒータ電源だけを使用します．2極管検波を使用する理由は，検波の歪が少ないことと振幅の平均値をAGC（自動利得調整）にも利用できるためです．

ゲルマ・ダイオードと真空管の差は2つです．同一のアンテナの場合はゲルマ・ダイオードの方が出力が高くなります（ゲルマ・ダイオードの方が効率が良い）．

しかし2極管検波はV_Fが0Vなので，ゲルマ・ダイオード検波では受信できない弱い局が受信できます．SD34（1N34）などのゲルマ・ダイオードも使用できるので，いろいろと試してみましょう．

- **受信機の性能はコイルのQで決まる**

このラジオはノイズが少ないので受信アンテナさえしっかりしていれば，今でも十分実用となります．ただ増幅器がない単球ラジオであり，その性能は同調コイルのQの高さで決まります．再生検波やスーパーヘテロダインの受信機でも，その原則は変わりません．

不要な信号をきっちりとアースに落として，必要な信号だけを浮かび上がらせる．これが同調回路の基本だと思います．ゲルマ・ラジオなどはコイルを自分で巻いてチューンナップするのも楽しいと思います（**写真7**）．

Qの高いコイルを使用した受信機を操作すると気付きが多く，驚くことも多いでしょう．この技術は温故知新なのです．

参考・引用文献

（1）ARRLハンドブック，ARRL，1936年
（2）小沢　康；アマチュア無線の測定技術，誠文堂新光社

4-2 オーソドックス再生式受信機

再生受信機

終戦後の日本ではラジオは3球か4球くらいの再生検波方式が一般的で，米国のようなスーパーヘテロダイン方式の受信機は少なかったようです．その理由の1つは日本国内の放送局がNHKしかなかったからでしょう．

米国ではニューヨークなどの大都会となると数十の放送局がひしめき合っています．そして筆者の同級生の住んでいるフロリダの片田舎でさえも数局のAM局があります．当時でも放送局の多かった米国は，再生検波方式のラジオでは混信で実用にならなかったために，分離の良いスーパーヘテロダイン受信機が普及したのだと思います．

第二次世界大戦の前，国際都市であった上海などは各国の租界などもあり，数十の放送局が林立していて，日本から持っていったラジオが実用にならなかったという記事を古い雑誌で見たことがあります．

当時は再生式ラジオがほとんどでした．なお，筆者の自宅にあるラジオは戦前の超高級品で昭和10年製です（2-V-1）．1970年頃に近所の理髪店からいただいたものを修理し，現在もときどき使用しています．今回は一番簡単な並3といわれる受信機に近いものを製作・実験してみることにします．

■ 再生検波について

再生検波方式は，再生（Regeneration）という不安定な真空管の動作状態を積極的に活用する方式で，米国の天才無線技術発明者E.H.Armstrong（アームストロング）が学生の時（1922年）に開発した回路です．彼は周波数変調方式（FM）や超再生方式も発明した，われわれ無線家にとって神様のような存在です．スーパーヘテロダイン/周波数変調/再生検波回路/超再生検波が彼の代表的な発明です．

• 再生検波の長所

再生検波は，出力を発振の一歩手前まで同位相で同調回路へ戻すことによりゲインを向上させる方式です．発振寸前に，ほんのわずかな信号によって急激に発振へ向かうため，とても高感度の検波特性が得られます．また同調回路に信号を戻すため，再生によってコイルのQが上昇し，選択度も上がることになります．

放送局が少なければ混信も少なくなるので，民放がない時代は最適な方法だったと思います．

• 再生検波の弱点

しかし，弱点もあります．再生を強めると発振し，不要な電波がアンテナから発信されてしまうことです．これは，受信と発振周波数が同じであるためアンテナ・コイルを通過するがゆえです．スーパーヘテロダイン受信機では局部発振器の周波数と受信周波数が違うので，アンテナ・コイルがフィルタとなり，不要電波の放射が制限されます．

また再生検波は安定度が悪く，真空管の動作状況や部品の温度係数，電源電圧などによっても動作を

写真1　6AU6を使用した再生受信機（プレート検波）

写真2　6267を使用した再生受信機（グリッド検波）

表1 検波方式と同型真空管のG_m値の違いによる感度の差

入力 1MHz 70dB/μV 変調率60%		G_m測定値	出力（$V_{p\text{-}p}$）
グリッド検波	6AU6 ①	53	2.7
	6AU6 ②	63	3.5
	6AU6 ③	85	3.2
	6AU6 ④	100	3.2
プレート検波	6AU6 ①	53	0.66
	6AU6 ②	63	0.77
	6AU6 ③	85	0.72
	6AU6 ④	100	0.72

一定条件に確保しにくいという欠点があります．

• **再生検波を実験してみよう**

比較的簡単な回路で高い感度を実現できる再生検波は，実験を楽しむには最適です．真空管1球で高感度が得られること，電信も聞くことができるのは素晴らしい魅力だと思います（**写真1**，**写真2**）．

現在市販されている機器で再生技術を応用しているものにはお目にかかれません．以前はラジコンの受信機やガレージ・オープナーに超再生を使った機器がありました．

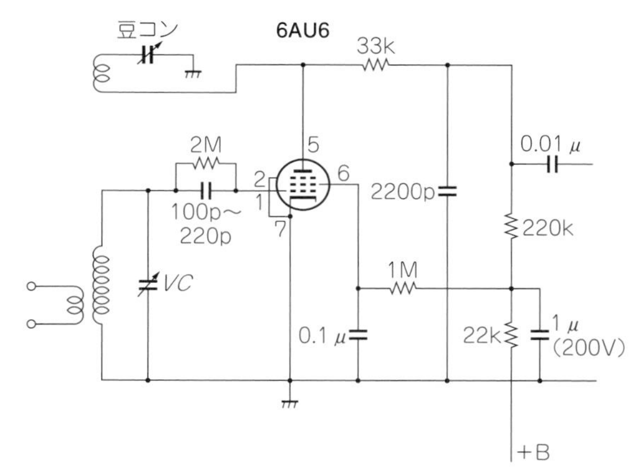

図1 プレート・フィードバック型グリッド再生検波回路

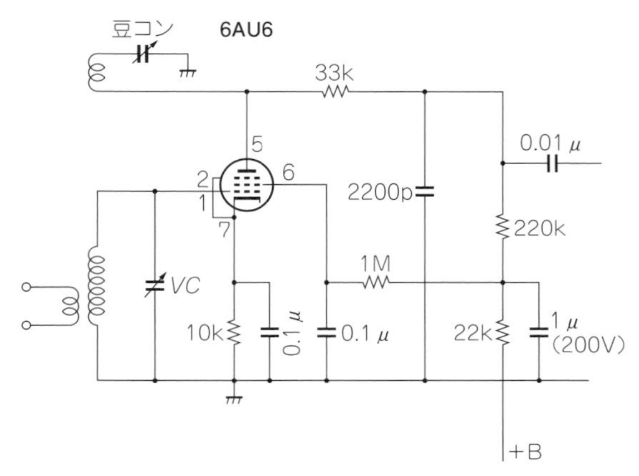

図2 プレート・フィードバック型プレート再生検波回路

再生検波の技術

再生検波の方式には，大別してグリッド検波方式とプレート検波方式があります．似たような回路でも違います．感度はグリッド検波の方が良いのですが（**表1**），音質を良くしたい方にはプレート検波回路をお勧めすると，昔の書籍には必ず書かれていました．**図1**にグリッド再生検波（プレート・フィードバック型），**図2**にプレート再生検波の回路を示します．

■ グリッド検波方式

これは，グリッドにバイアス電圧を掛けずに信号を入力する方式で上側の振幅をカットする方式です．

• **プレート・フィードバック型**

同調コイルへ再生用コイルを巻き，プレート信号の一部を同調回路へ戻して再生状態にしています．この回路の特徴はAMでは比較的再生が滑らかで安定していることです．多く使われた回路は何らかの利点があると思います．また再生量が少なければ比較的良い音質で聞くことができます．

しかし，昔ならどこでも入手可能だった再生調整用の豆コンの入手は難しく（**写真2**の中央下），ローカルのJA0GWK 曽根原さんから良いアイデアをいただきました．それは，現在，秋月電子通商などで安く販売されている1回路12接点のロータリー・スイッチに固定コンデンサを付けて，豆コンと同じ動作をさせることです（p.52，**写真3**の左下）．

• **グリッド・リーク抵抗**

同調コイルとグリッドの間にある抵抗で，並列に接続するコンデンサと組み合わせます．この抵抗値には500kΩ～2MΩがよく使われます．コンデンサは100～200pFのマイカ・コンデンサまたはセラミック・コンデンサが使えます．

写真3　ラジオ少年の再生検波コイル

写真4　TRIOの再生検波コイル

- **コイルについて**

再生コイル（並4コイル）は手持ちのラジオ少年のコイル（**写真3**）を使ってみましたが，残念ながら現在は販売されていません．厚紙ボビンの並4コイルはサトー電気で少し在庫があるようです（2022年1月現在）．

友人からもらったジャンクに，純正のTRIOのコイルがあったので比較してみました（**写真4**）．ラジオ少年と昔のTRIOのコイルを比較してみると，コイル間の寸法およびアンテナ・コイルのインダクタンスなどが微妙に違います．

昔の豆コンは約60pFくらいのものが多かったのですが，コイルによっては，100pFくらいの再生バリコンが必要でしょう．その他の動作はほとんど同じでした．

- **カソード・タップ型**

この回路の特徴は，豆コンを使わずに再生検波ができることです．代わりにスクリーン・グリッド電圧調整用のボリュームが必要です（**図3**）．

この回路はときどきCQ ham radio誌の製作回路などで見受けられる0-V-1の回路と同一です．5極管のスクリーン・グリッドの電圧を変化させることにより球のG_m（相互コンダクタンス）注1を変化させて，発振寸前の状態として再生を行います．

また，CW受信に大変優れており，先人であるアマチュア無線家の多くがこの受信機を利用されたようです．何せ真空管1本で，現在の無線機に匹敵する感度が得られるのです．ただし込み入った状態での混信は避けられません．

■ プレート検波

プレート検波は，グリッドへ深いバイアス電圧を印加することで振幅の下側をカットする方式です．

検波回路のゲインはグリッド検波には及びませんが，この回路はグリッド検波回路に比べてグリッド電流が少なく，音質の改善と分離が良くなります．この方式は，検波段でのゲインが求められない高周波増幅回路付きの再生検波で使用されました．

使用する真空管について

球はシャープ・カットオフで一番入手しやすい手頃な6AU6を使います（**写真5**）．これよりG_mが低くても問題はないのですが，入手の問題もあるので6AU6が良いと思います．そのまま差し替え可能な6BA6に換えてみたのですが，やはり6AU6の方がよく聞こえるのでこちらが良いでしょう．

昔々JA1ACB 難波田OM（SK）は，現在ステレオなどでよく使用されている6267が再生回路に最適と言っておられました（**写真6**）．手持ちがあるので実験してみました．G_mが低いので再生はスムーズですが，筆者の実験では一般的な6AU6で十分でした．ステレオなどに使った後のスペアチューブをお持ちの方は6267を使って実験していただければと思い

注1：増幅率をプレート抵抗値で除算した値

写真5 今回使用した6AU6

写真6 ローノイズの6267も使用できるが6AU6でも十分な結果となる

ます．

6AU6のようなG_mの高い球は，使い古してG_mが低下したものでもまだ少し元気が残っているので結構使えます（p.51，**表1**）．また**写真7**（p.54）と**写真8**（p.54）がそれぞれの上面写真となるので，組み立ての参考にしましょう．製作は高周波増幅回路より容易です．

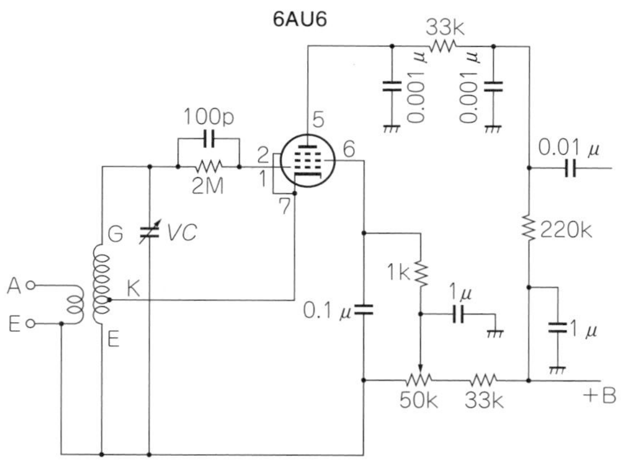

図3 カソード・タップ型グリッド再生検波回路

■ カットオフ特性

5極管にはシャープ・カットオフとリモート・カットオフの2タイプがあります．前者の真空管は直線的な増幅をします．オーディオ出力用の6AR5もこの種類に属し，ほとんどの5極管はシャープ・カットオフの球です．

後者は別名スーパーコントロール球といい，増幅度をコントロールして出力を一定にする回路（AGCなど）に使います．これは受信機の高周波増幅などに多用されました．

Column ❶ スクリーン・グリッドについて

スクリーン・グリッド（第2グリッド）は交流（信号）成分をグラウンドと同電位とします．これにより入力と出力が分離され，入力出力間の影響が軽減されて，安定した動作の増幅器となります．特にわれわれアマチュア無線に使用するHF（短波）やVHF（超短波）の信号を増幅するのに大変有効です．

1999年まで盛んに使用されていたHF（短波帯）の船舶用の送信機には4CX1000などの大型セラミック・チューブが使用されて，スクリーン・グリッドが直接シャーシにアースされ，各電極の直流電源にはスクリーン・グリッドを基準に電圧を決定する回路がよく使用されていました．

また，アマチュア無線のリニア・アンプによく使用されていた4CX250Bなどのセラミック・チューブを144MHzや430MHzで使用するときは，スクリーン・グリッドにパスコンの付いたソケットを使って，スクリーン・グリッドの高周波でのアース電位を確実に低下させて使いました（**写真A**）．

写真A ソケットの外周部分の爪がスクリーン・グリッドの電極で，内部でパスコンとなっている

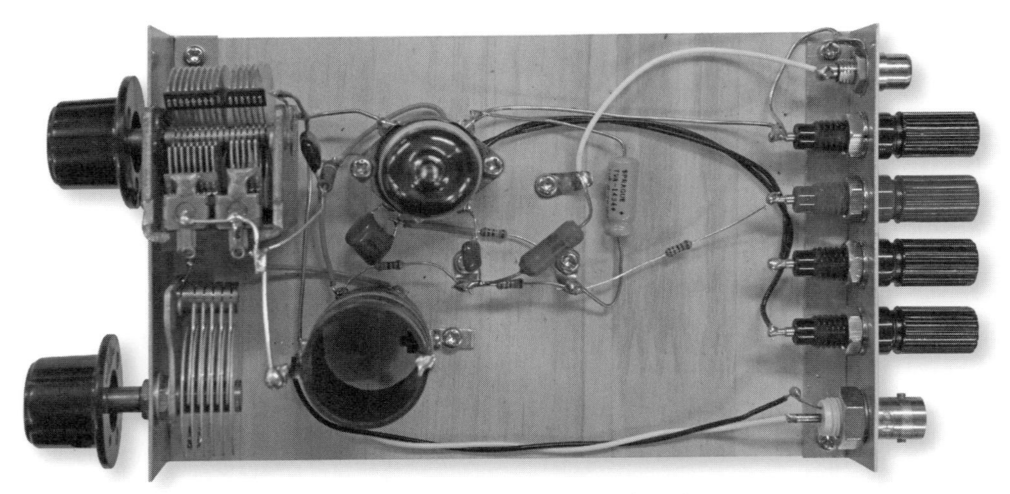

写真7　プレート・フィードバック型グリッド再生検波の製作例（上面）

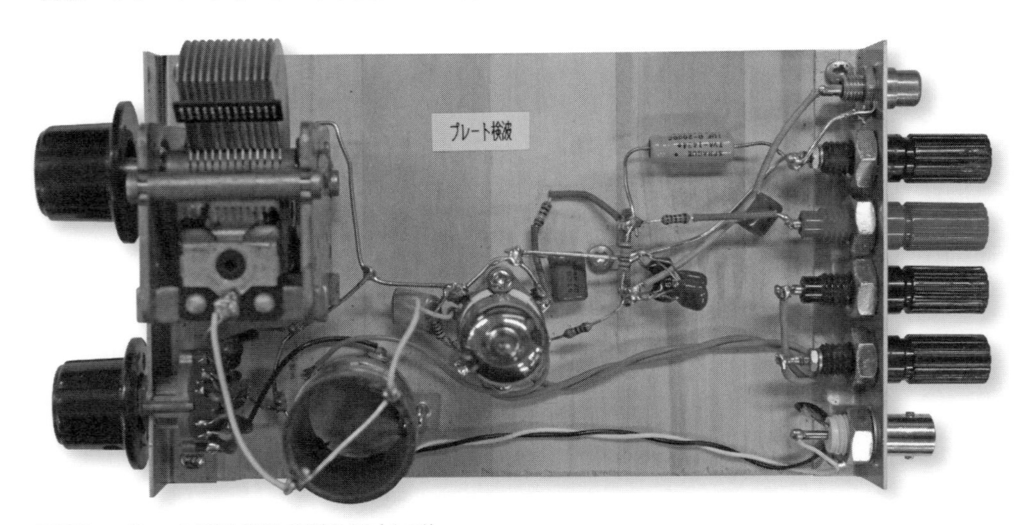

写真8　プレート再生検波の製作例（上面）

■ グリッド検波とプレート検波の音質

グリッド検波回路に比べ，プレート検波回路は負の状態でグリッド電流が流れないため，音質が改善されます．さらに同調コイルの性能も低下しないため分離も良くなります．分離が良いので都市部に向いていると思います．音質は，やはり普通の2極管（ダイオード）検波の方が良いようです．

スペクトラム・アナライザで検波出力を見ると，グリッド再生検波の1kHzの音声信号では，第2高調波が−30dB/第3高調波が−30dBとなりました．プレート検波では第2高調波が−16dB/第3高調波が−50dBなので，プレート再生検波の方が音が柔らかくなるはずですが，筆者に大きな違いは聞き取れませんでした．実際に自分の耳で聞き比べるのも良いかもしれません．ただ，グリッド再生検波とプレート再生検波のどちらも，安価なトランジスタ・ラジオなどよりも明瞭に聞こえる気がします．

グリッド再生検波やプレート再生検波は，皆さんの思っている以上に素晴らしい受信ができると思います．かつて再生検波を製作して悩んだ方，また少ない数の真空管で自作を楽しみたい方は実験してみませんか．

参考文献

（1）東芝電子管ハンドブック，誠文堂新光社，1962年
（2）アマチュア無線回路集，電波技術社，1958年

4-3 DC24Vで動く再生式受信機

7MHz 0-V-X受信機

CQ出版社の1球式再生受信機キット「RR-49」(以下，RR-49，販売終了)は感度が思った以上に高いものでした．これに触発されて低電圧での再生検波を考えてみました．6AK5の手持ちがあったので，これなら低電圧で動作するかもと思い実験を始めました．

真空管は意外と低電圧でも動作します．1950年刊行の雑誌には1.5Vで動作すると題した記事が掲載されており，当時の技術者の熱意を感じます．真空管＝高電圧ではなく，低い電圧でも動作することを覚えておくと良いでしょう．初期の受信用真空管は増幅用が45Vか67.5V，検波用は22.5Vのプレート電圧で動作をしていました．

本章では18Vの直流で動く7MHz 0-V-X(低周波増幅はICアンプ＋FETなのでXとしている)受信機を紹介します．本機は低周波増幅に市販キットを用いるので簡単に製作可能です．

真空管とプレート電圧

一般的な真空管のヒータ電圧(A電源)は6.3Vや12.6Vが多いのですが，使用用途によっては1.5V～50Vなど多くの種類があります(送信管などでは大電流が必要)．

真空管は，プレート電圧(B電源)に200V程度の電圧を印加することが多いので，真空管を使った製作に躊躇(ちゅうちょ)される方が多いのかもしれません．

受信機は扱う電力が小さいので危険性は少なくなりますが，不用意に触れると感電する電圧です．半導体回路で使われる30V以下になると，濡れた手足で触れない限り，触っても感電することはまずありません．そこで製作しやすい低電圧の再生受信機にトライしてみました(**写真1**)．

■ 低いプレート電圧でテスト

多くの真空管が50V以下のプレート電圧でも動作することは知られています．黎明期(れいめいき)のラジオには，201などの直熱3極管をプレート電圧22.5V(1.5V×15)の再生検波で使った回路が多く見られます．同様な真空管の226で実際にテストしたところ，22.5Vで十分な再生検波をすることが分かりました．

1950年代のCQ ham radio誌には多くの再生受信機の製作例が掲載されていました．回路図を見ると6C6/6D6/6BA6/6BD6(**写真2**)などが多く使われています．手持ちの真空管で，これらのプレート電圧が18V

写真1　プレート電圧を18Vで動作させている本機
電圧が低いので製作しやすい

写真2　ヒータ電圧が6.3Vで動作する6BD6
トランス付きのIF段で多く使用された

で動作が可能なものを調査してみました．手軽な13.5Vで動作させたかったのですがやはり少し厳しそうです．そこで一般的な実験用の安定化電源の最大電圧である18Vで動くかどうかを調べてみました（**表1**）．

本機の高周波回路

■ 再生検波のおさらい

再生検波は大変感度が高く，また再生を少し深く掛けて発振させることによりCWやSSBの信号を復調できます．この再生検波（オートダイン）は，スーパーヘテロダイン方式やFM変調など，現在でも数多く使われている基礎技術を発明したE.H.アームストロングが100年以上前に開発した技術です．

これは増幅された信号が同調回路に正帰還することで，選択度と増幅度が向上します．帰還量が多すぎると発振するため，帰還量を再生バリコンや可変抵抗で調整し，復調できるポイントに合わせます．検波自体はグリッド検波（カソード-グリッド間の2極間作用を利用したもの）で低周波信号を抽出します．

■ カソード・タップド・ハートレー

回路は，昔から短波用再生受信機でよく使われているカソード・タップド・ハートレー回路を使った5極管回路としました（**図1**）．実際に1950年代のCQ ham radio誌を見ても5極管を使ったものが

表1　18Vでの動作テスト結果
筆者の手持ちの品種を，真空管試験機（TV-7D）で動作確認後に実際の0-V-X受信機でテストしたもの．全メーカー品の確認はしていない

型名	結果	備考
6AK5/5654	×	米国製と日本製以外は不可
6AJ5 レイセオン	○	24Vで設計されいるので非常に良好
954/9001	○	エーコン管は非常に良好
953/9003	○	エーコン管は非常に良好
6C6/UZ77	△	米国製は良好だが日本製で使えないものがあった
6D6/UZ78	△	
6BD6/12BD6	○	日本製と米国製は良好，中国製と思われる球はプレート電圧を上げないと使えない
6BA6/12BA6	○	
6AU6	×	プレート電圧を上げないと使えない
6SJ7	○	メタル管は良好，GT管では使えないものもあり
6SK7/12SK7	○	
6SG7/12SG7	○	

ほとんどです．これは作りやすいうえに性能も出しやすかったのではないかと思います．

1950年代に多くの0-V-1を製作していたローカルのJAØGWK 曽根原OMによると，このカソード・タップド・ハートレー回路が一番良いとのことなので，この回路にしました．この回路自体は大変シンプルで，**表1**に示す動作テストはこの回路で行いました．RR-49の6BA8は低周波増幅部とカソードが共通なのでプレート結合の回路となっています．

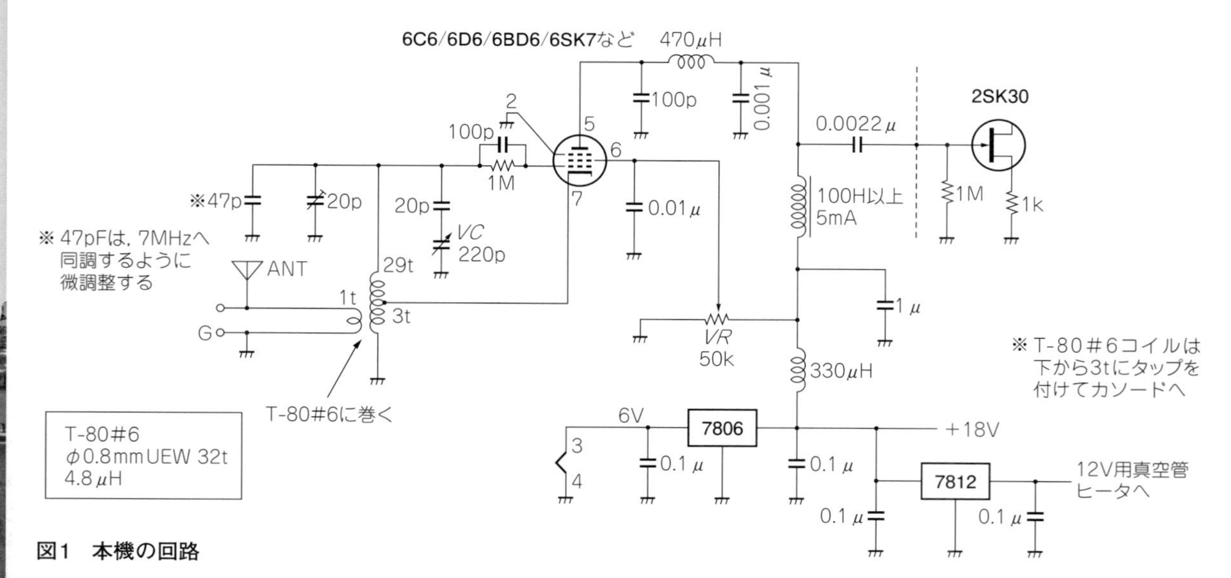

図1　本機の回路

■ 使うコイル

以前JA0IXX 赤羽OMから，トロイダル・コアはコイル間の結合度が密に取れ，再生発振用コイルとしても大変優れていることを教えてもらい，RR-49にも採用した実績があります．そのためRR-49のコイルと同一のインダクタンスでコイルを製作し，テストしてみました．

写真3　可変抵抗でスクリーン・グリッド電圧を変化させて再生量をコントロール
同調には一般的な単連ポリ・バリコンを使っている

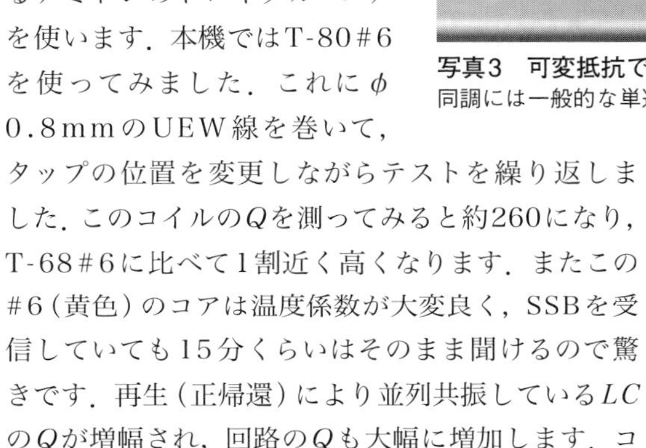

コイルはRR-49で実績のあるアミドンのトロイダル・コアを使います．本機ではT-80#6を使ってみました．これにφ0.8mmのUEW線を巻いて，タップの位置を変更しながらテストを繰り返しました．このコイルのQを測ってみると約260になり，T-68#6に比べて1割近く高くなります．またこの#6（黄色）のコアは温度係数が大変良く，SSBを受信していても15分くらいはそのまま聞けるので驚きです．再生（正帰還）により並列共振しているLCのQが増幅され，回路のQも大幅に増加します．コンテスト以外の受信なら十分に実用になると思っています．

■ 高周波チョーク・コイル

プレート回路に接続されている高周波チョーク・コイル（RFC）は，短波帯と周波数が高いので470μHで十分です．470μHの7MHzにおけるリアクタンスは約22kΩもあり，プレート電流も少ないので，¼Wの抵抗と同じ大きさの小型RFCで十分です．このRFCが高周波成分を阻止することが再生検波の低周波回路との分離に重要なのです．

■ 低周波チョーク・コイル

プレート抵抗を負荷とするとプレート電流×抵抗値で電圧降下します．プレート電圧が60Vくらいあれば高抵抗を使って大きな音声出力を取り出すことができるのですが，今回はプレート電圧が18Vと大変低いので，抵抗では満足のいく電圧変化が得られません．

そこで抵抗の代わりにインダクタンスの大きいチョーク・コイルを使います．これは直流抵抗が低いものの音声周波数に対しては高抵抗が得られる優れものです．今回は200Hのチョーク・コイル（p.55，**写真1**の右，祐徳電子で販売しているZHW-BT-CH-8）を使いました．直流抵抗は約8kΩで再生検波のプレート電流は0.1～0.3mAくらい，電圧降下は2V程度となって，再生検波は動作します．

200Hは1kHzにおけるインピーダンスが約1MΩ以上となり十分な音声出力を得ることができます．昔から，ここに使うチョーク・コイルは100H以上あれば良いといわれています．このチョーク・コイルで低周波のゲインを稼ぎます．

■ スクリーン・グリッド回路

本機の再生検波回路は，スクリーン・グリッドをプレートとしてコントロール・グリッドとカソード間で発振をしています．スクリーン・グリッドの電圧を変化させることにより再生量の制御を行います（**写真3**）．

昔の書籍にスクリーン・グリッドの可変抵抗値が500kΩのものがあってまねたところ，不安定でどうしようもありませんでした．JA0GWK 曽根原OMに，この抵抗値は50kΩ以下でないとNGと教えてもらいました．これはスクリーン・グリッドの直流抵抗が高すぎると電圧が不安定となるためではないかと思います．スクリーン・グリッド電圧は10～15Vくらいが最も良い再生状態となりました．球によってもばらつきがあるのでプレート電圧は18Vとしています．

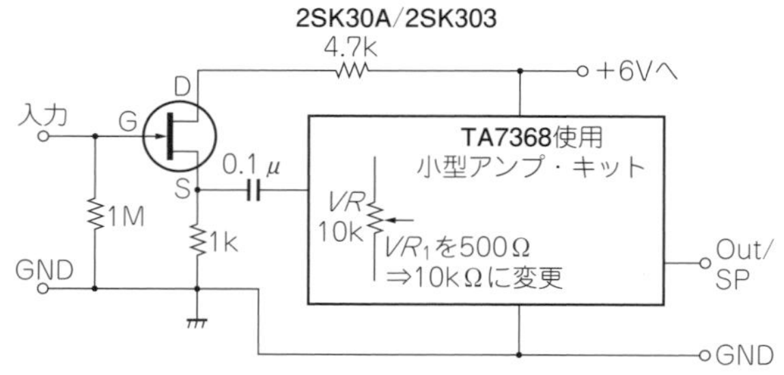

図2　本機の低周波増幅部

6AK5での実験

6AK5を使ってプレート電圧30Vで実験を始めました．手持ちのほとんどの球で再生発振が起こりましたが，ロシア製の安価なものは再生状態になりません．テストしたところ，日本製と米国製の真空管は全て再生発振し，プレート電圧を少しずつ下げていくと，ばらつきはありますが24Vでも動作する球もありました．6AK5は小型でよいのですが，この回路で使うには30V程度のプレート電圧が必要でしょう．

■ 低周波増幅

真空管の出力インピーダンスは100kΩ以上となり，入力インピーダンスが10kΩ以下の一般的な半導体アンプへそのまま接続すると，大きなミスマッチングとなります．そのためFET（2SK30A/2SK303）のソースフォロワ回路でインピーダンス変換を行います．

低周波増幅に関してはTA7368小型アンプキット（秋月電子通商：通販コード K-05965）に頼ります．このキットには全ての部品が同梱されていますが，入力回路の半固定抵抗を500Ω ⇒ 10kΩに変更する必要があります．FETのソースフォロワでインピーダンス変換を行っていますが，それでも500Ωでは負荷として低すぎるためです（**図2**）．

電 源

■ ヒータ電源

真空管のヒータ電圧が±10%以内であれば正常に動作します．今回の再生回路はカソード・タップド・ハートレー回路でカソードが高周波的に浮いているので，誘導ハム対策においても3端子レギュレータが有効に動作をしています．

6.3Vのヒータ電圧の球（6BA6や6BD6）は6Vの3端子レギュレータからヒータへ供給します．12V管［12BA6（**写真4**）や12BD6］を使う場合は12Vの3端子レギュレータを使用します．真空管はヒータ電圧によって電子の飛び出し方が変化します．昔はヒータ電圧の安定化が難しかったのですが，現在は高性能な3端子レギュレータも簡単に使えるようになり真空管を安定に動作させられます．再生式受信機はいかに真空管を安定に動作させるかが鍵だと思います．コリンズのR390Aをはじめとする超高級受信機の局部発振回路のヒータ回路は，バラストランプと呼ばれるヒータへ直列に入る安定管により真空管のヒータ電圧を安定化していました．

写真4　本機で使用した12BA6
12BD6との主な違いはグリッド電圧による増幅率の変化幅

TA7368は3～14Vで動作するので小型アンプキットの電源はこれらの出力につなぎます．

■ 3端子レギュレータの熱対策

6.3V管のヒータ電流は0.3Aで，18Vを6Vにする場合は（18V－6V）×0.3A＝3.6Wで，これが3端子レギュレータで熱となります．3.6Wの熱量なのでシャーシへしっかりと放熱する必要があります（**写真5**）．12V管の場合は（18V－12V）×0.15A＝0.9Wの熱量に低減します．筆者はいろいろな種類の球をテストするため，6V/12Vの切り替えスイッチを付けていますが，新規に製作される場合は12V管が有利でしょう．

今回は電源が直流のみのため，3端子レギュレータが使えるので便利です．6Vの3端子レギュレータが入手できない場合は，5Vのものにシリコン・ダイオード2本を入れて約6.3Vにすることもできます．

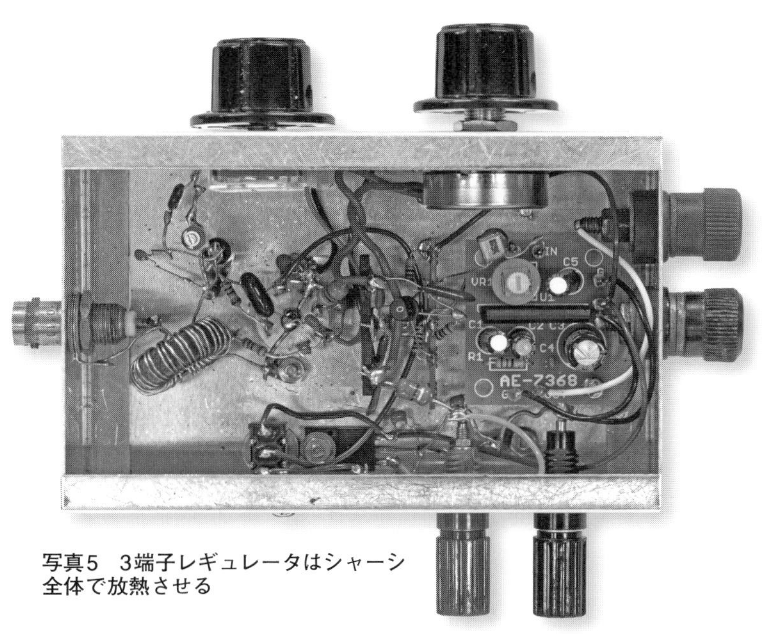

写真5 3端子レギュレータはシャーシ全体で放熱させる

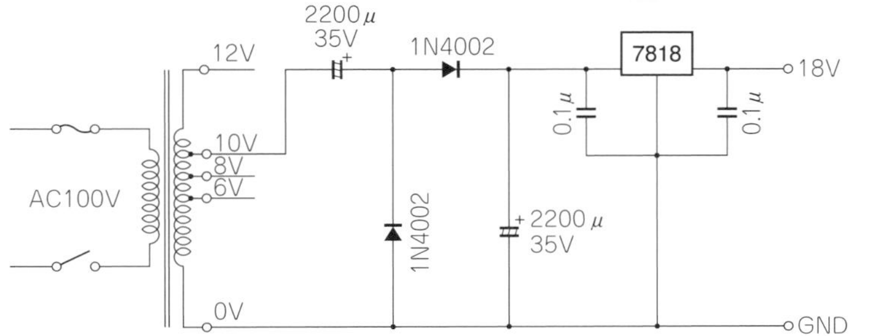

図3 18V電源回路の例

写真6 プラスチックケースで組み立てたもの
シールドがされていないと不安定な動作となる

■ 18V電源について

筆者はCV/CC制御の実験用電源を使っています．こうしたものでは18Vまでの出力が可能です．本機にはスイッチング電源は不向きです．必ず，そのノイズで悩まされます．

手頃な電源の持ち合わせがない場合は，10Vくらいのトランスを使った倍電圧整流回路で製作すれば良いでしょう（**図3**）．出力は18Vの3端子レギュレータ（7818やLM317）などで安定化させる必要があります．昔の再生受信機の動作が不安定だった理由の1つとして，電源の問題が大きかったと思います．思いついて，昔製作した0-V-1のB電源へVR105/OB2を入れて安定化したところ，まるで別物の受信機に生まれ変わりました．

本機の実装について

■ シャーシ

筆者はリードの小型シャーシS-10（120×40×80）に入れています．S-11（100×40×60）でも無理すれば入らないこともないので，腕に自信のある方はぜひ挑戦してみてください．慣れない方は大きめのシャーシが良いと思います．

なおS-10とほぼ同型のプラスチックケースに入れてみたのですが不安定で使えませんでした（**写真6**）．内面の全てに銅箔（どうはく）テープなどを貼れば良いのですが，それよりもアルミシャーシがFBです．トランジスタ回路はインピーダンスが低いのでプラスチックケースでもOKなのですが，真空管はインピーダンスが高いので，プラスチックケースを使う場合はシールドが必須です．

■ 真空管ソケット

ソケットは袴（はかま）付きソケット（p.60，**写真7**）を使う必要があります．またST管で製作する場合はシールド・ケースが必要です．真空管のソケットはパンテックエレクトロニクス（**https://www.soundparts.jp/**）に確認してみるとよいでしょう．

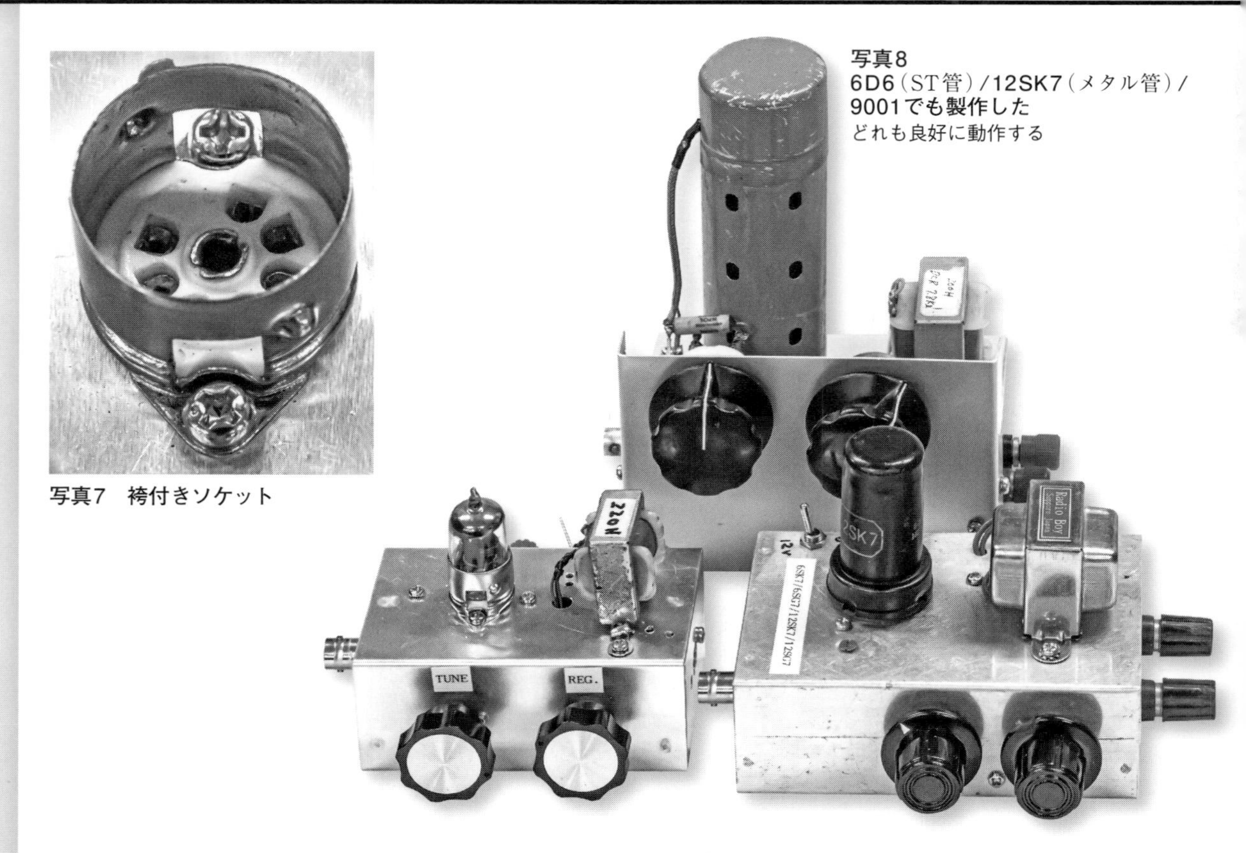

写真7　袴付きソケット

写真8
6D6（ST管）/**12SK7**（メタル管）/
9001でも製作した
どれも良好に動作する

0-V-Xの実力

この受信機をいろいろな球で5台製作し（**写真8**），1カ月ほど受信してみました．昼間のJA8からJA6の国内のラグチューやCWの交信がよく聞こえます．当初思っていたような混信も少なくFBに聞こえます．時間によっては，長野県松本市でも混信なく米国のW6やW7の朝のグッドモーニングのQSOが筆者のダイポール・アンテナでFBに聞こえます．ローカルのJA0IXX局はW2のCWを彼の0-V-1で聞いたとのことです．

感度をSSGで測ると−10dB/μVがぎりぎりで聞こえます．1球検波＋低周波増幅の受信機がこれほど高感度とは思いませんでした．特に18Vの単電源ですからなおさらです．コンテストなどで，強い局が多い時は10～20dBくらいのアッテネータを入れると受信はできます．まぁ本機をコンテストで使う局はいないと思いますが，hi.

■ 再生受信機は難しかった

昔からCQ ham radio誌では0-V-1などの再生受信機が入門者用として発表されてきました．さぞ入門者にはハードルが高かったことでしょう．

再生受信機は，コイルの巻き方によって大きく性能が左右されます．製作に成功されたOMは本当に良いコイルが巻けたのだと思います．しかし，かつて空芯（くうしん）ボビンに手巻きをしていた頃とは異なり，トロイダル・コアを使用したコイルは再現性が高く製作がかなり簡単になりました．これも規格が明確なアミドンのコアを使えるおかげでしょう．

また，再生式受信機はシンプルな回路ですが奥が深く感じられます．簡単な回路でも驚くような性能があるのです．ぜひこの受信機の製作にトライしてみませんか．

今回の実験に支援をいただいたJA0GWK 曽根原OM，JA0IXX 赤羽OMにあらためて感謝します．

参考文献

（1）RCA Receiving Manual HB-3
（2）ARRL，ARRLハンドブック 1935および1950
（3）無線と実験 1950年2月号，誠文堂新光社

第5章 スーパーヘテロダイン受信機

5-1 周波数変換について

スーパーヘテロダインと周波数変換

空中を飛び交っている電波は大変弱く，0dBのダイポール・アンテナで受信しても，その強度は1μV（1/百万V）～1mV（1/1000V）程度でしょう．受信機はこの弱い電波を1V程度までの信号に増幅してスピーカやヘッドホンを鳴らします．デジタル機器への信号変換にもこの程度の電圧レベルが必要です．

もちろんアンテナに入った電波を直接増幅して音声信号を得ることも可能ですが，電波は無数にあります．スーパーヘテロダイン方式ではその電波を選択するために周波数変換回路を搭載しています．

■ 周波数変換のあらまし

1900年代のはじめに米国人のE.H.アームストロングにより発明（1918年に特許取得）された，スーパーヘテロダイン方式の受信機が現在でも多く使われています．受信した電波を中間周波数に変換することが，スーパーヘテロダインの選局となります．

受信周波数はどのように中間周波に変換されるのでしょうか．ここに局部発振（ローカルオシレータ）なる回路が登場します．この回路は読んで字のごとく局部（一部分）の発振回路です．発振とは交流（ここでは局発周波数と表現）信号を作ることです．

受信機の中に発振器を持ち，アンテナから入ってきた電波と局発周波数を合わせてある回路に入力すると，電波と局発周波数の和と差の周波数が出力されます．この回路が混合回路と呼ばれるものです．これは，後述するDBM（double balanced mixer）やトランジスタ，そしてICなどを使って行います．当然昔は真空管で行いました．

周波数変換の実験

■ 実験する道具

発振器は，第3章で製作した簡易SG（シグナル・ジェネレータ）とDBMユニット（**写真1**）そしてHF帯の受信機を**図1**（p.62）に示すとおりに接続します．発振器は出力が10dBm（10mW）くらいの安定したものであれば何でも使えます．

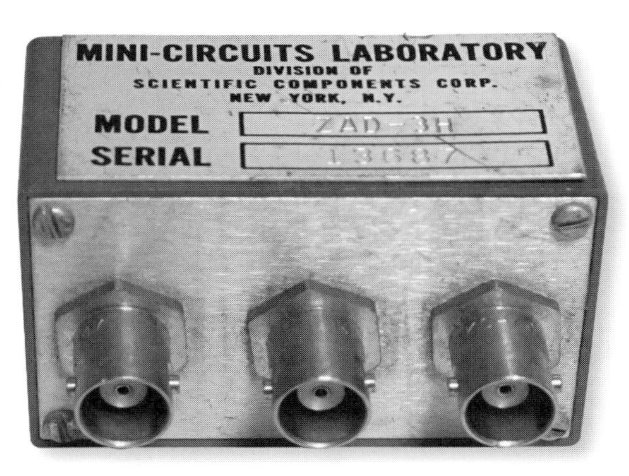

写真1
実験に使用したBNC端子付きDBMユニット
MINI-CIRCUITS ZAD-3H
LO電力は＋17dBm

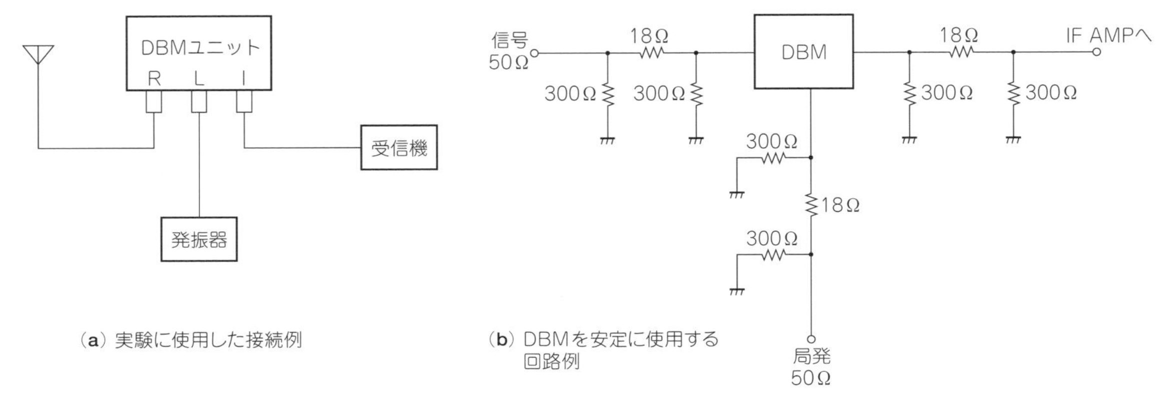

（a）実験に使用した接続例
（b）DBMを安定に使用する回路例

図1　周波数変換の実験接続

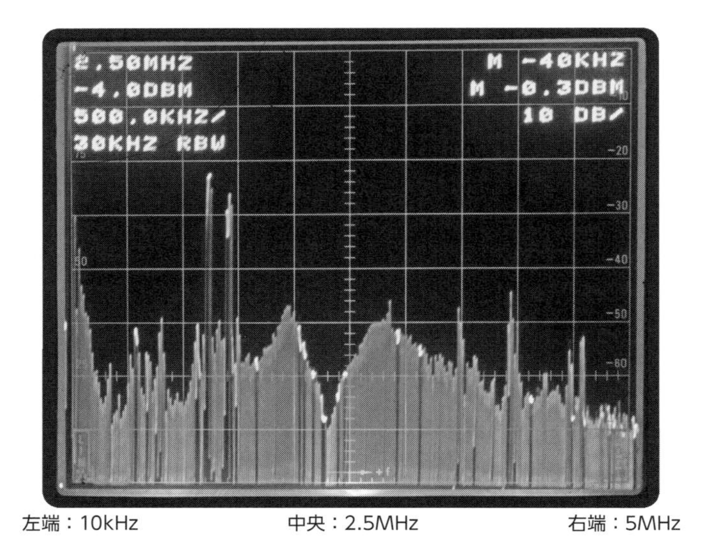

左端：10kHz　中央：2.5MHz　右端：5MHz

写真2　横浜市で受信した10kHz～5MHzのスペクトラム

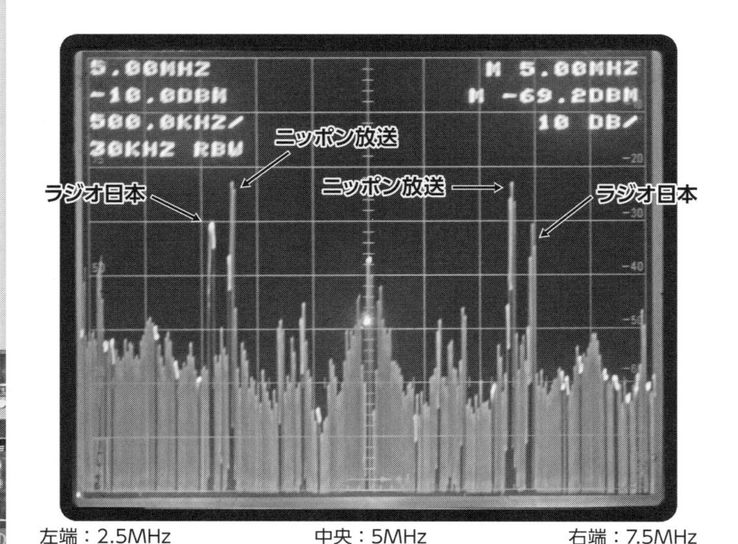

左端：2.5MHz　中央：5MHz　右端：7.5MHz

写真3　5MHzを混合した2.5～7.5MHzのスペクトラム
中央部の5MHzは分かりやすいようにレベルを調整している

■ 中波帯を受信した様子

写真2に横浜市で受信した中波帯のスペクトラムを示します．ここでは横方向のスケール1つが500kHzの単位です．約500～1500kHzに数局の放送局が見えます．一番強い信号が1242kHzの「ニッポン放送」でその右隣に1422kHzの「ラジオ日本」が入感しています．

■ 実験回路に5MHzを加えてみる

写真3に，**図1**の実験回路へ発振周波数（以下：局発周波数）の5MHzを加えたスペクトラムを示します（画面の中心が5MHz）．この例では，一番強い信号の「ニッポン放送」の周波数が1242kHzから6242kHzへ移動していることが分かります．また1422kHzの「ラジオ日本」も6422kHzへ移動しているのが確認できます．周波数変換には局発周波数を中心として和と差が現れます．和の場合は局発周波数と受信周波数をプラスした周波数です．周波数変換のポイントは局発周波数を中心として周波数成分が対称となることです．

■ 局発周波数より低い周波数成分

写真3の中心から左側は，加えた局発周波数より低い周波数となります．「ニッポン放送」の周波数が1242kHzから3758kHzとなり，「ラジオ日本」も1422

写真4 MT管の6BE6

写真5 GT管の6SA7

写真6 ST管の6WC5

kHzから3578kHzとなっています．ここでは「ラジオ日本」よりも「ニッポン放送」の周波数の方が高くなっています．この周波数の高低が逆になった状態を「逆ヘテロダイン」と呼ぶことがあり，USBとLSBも逆転します．

受信機では，こうした「局発周波数との差」を変換された周波数として用いる場合があります．この場合はVFOの発振周波数が高くなると，受信周波数が低くなります．

変換した信号を受信してみよう

図1に示す実験回路で周波数変換した周波数を，受信機で実際に受信してみます．今回は6242kHzと3758kHzの2つの周波数で，奇麗に「ニッポン放送」が受信できました．

DBMユニットを用いると，とても簡単に周波数変換ができます．現在は広帯域受信機が主流なので幅広い周波数を受信できますが，昔の受信機は帯域が狭く，外付け回路で周波数を変換するコンバータなどが市販されていました．

■ SSBを周波数変換すると

AMは両側波帯ですから局発周波数との和と差のどちらでも受信できます．しかしSSBの場合，受信周波数が局発周波数より低いとUSBとLSBの周波数成分が逆転してしまいます．この場合は，再度「逆ヘテロダイン」で周波数変換を行うか，ビート周波数を音声帯域分（1.6kHzほど）ずらして復調を行います．

コンバータ

局部発振器と受信信号を混合する混合器の両方を備えたものをコンバータと呼んでいます．これは前述のように受信信号の周波数を必要な周波数に変換するものです．以前，VHFなどでよく使われた水晶発振器付きコンバータはクリコンと呼んでいました（クリはクリスタル＝水晶振動子のこと）．混合器だけの部分は単にミキサと呼んでいます．

これには3極管，5極管，7極管を使った回路がよく使われました．1920年代のスーパーヘテロダイン受信機では3極管が使われていました（3極管しかなかった）．また初期の白黒テレビの混合器にも3極管が多く使われました．電極の数が少ないので発生する雑音も少なくシンプルだったので，テレビでも多用されていたと思います．周波数変換回路はいろいろありますが，筆者が実際に製作して特性が良かった真空管は6BE6（**写真4**）や6SA7（**写真5**），そして6WC5（**写真6**）などです．

写真7　DBMモジュールの例
R＆K M9

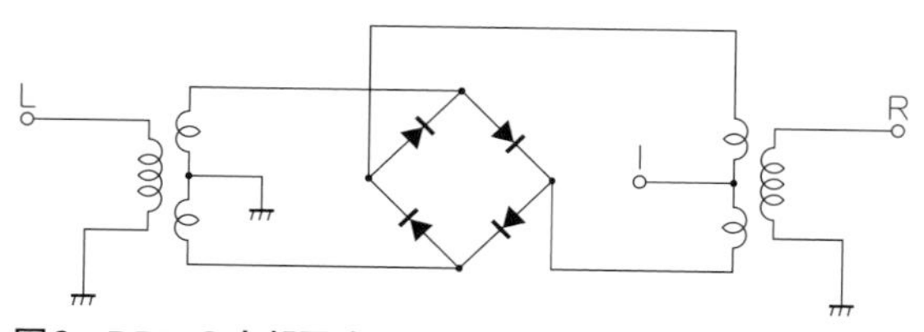

図2　DBMの内部回路

写真8　DBMモジュールをケースに封入してユニット化したもの
MINI-CIRCUITS SRA-2Hモジュールを使用

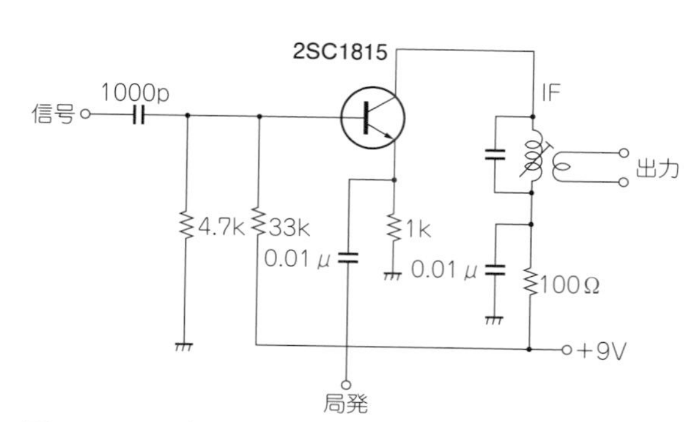

図3　トランジスタを使用した混合回路の例

混合回路について

■ DBMモジュール

DBMモジュール（**写真7**，**図2**）やユニット（p.61，**写真1**，**写真8**）を使うと再現性の高い回路ができます．短波帯のローバンドや中波帯では大きな利得が不要なので，DBMは安定度やノイズの点で素晴らしい動作をします．さまざまな使い方がありますが，R端子に受信信号，L端子に局発周波数を入力すると，I端子に変換した周波数が出力されます．

接続する各端子のインピーダンスが50Ωであることと，L端子への入力レベルは使用するDBMによって0〜20dBm（1〜100mW）程度が必要とされます（内部ダイオードをスイッチングさせるため）．DBMは周波数変換や変調などさまざまな応用ができます．

入出力インピーダンスが50Ωなので，外付けの発振器などをそのまま接続でき，簡単にいろいろな実験が可能となります．**写真7**に示すDBMモジュールは秋葉原ラジオデパート3階の斉藤電気商会で取り扱っています．

■ トランジスタを使ったもの

トランジスタによる混合器はどうしても過大入力に弱く，混変調特性もあまり感心しません．現在入手できる使いやすい素子で回路を考えてみました（**図3**）．

しかしV/UHF帯の周波数変換回路には適しています．安価なトランジスタでも高い周波数まで効率良く動作するからです．HF帯では，2SC1815に代表されるトランジスタが使用可能です．また2SC1815はローノイズ用トランジスタとして製作されているので，昔のように特別のローノイズ・トランジスタは必要ありません．

■ 3極管を使ったもの

3極管の混合器は最高の性能を期待できます．ただし安定した動作をさせることが難しいため，実験する方はコリンズの回路などを参考にすると良いでしょう．以前，筆者が実験したバランスド・ミキ

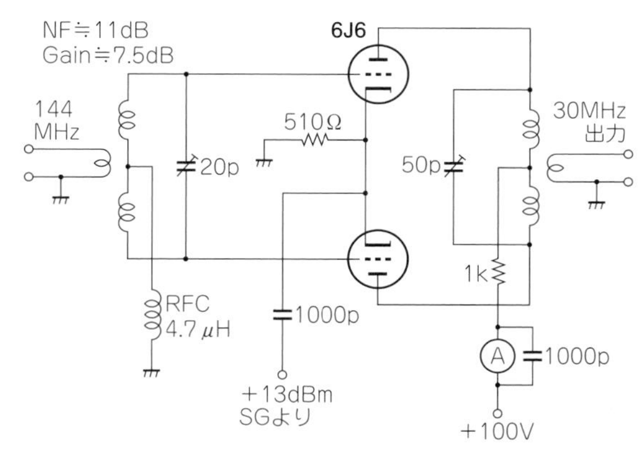

図4 3極管を使用した混合回路の例

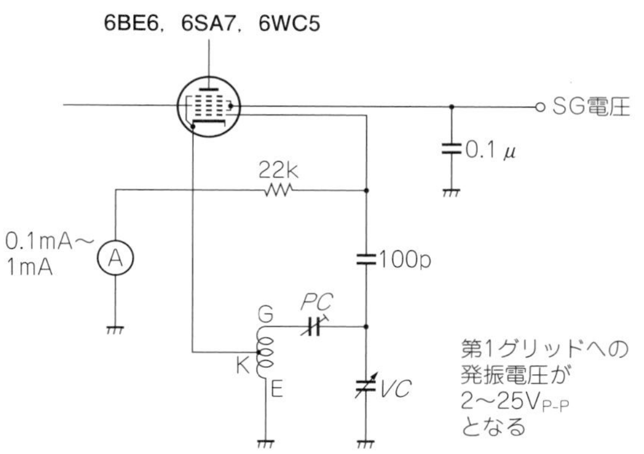

図5 7極管を使用した自励発振式の混合回路の例

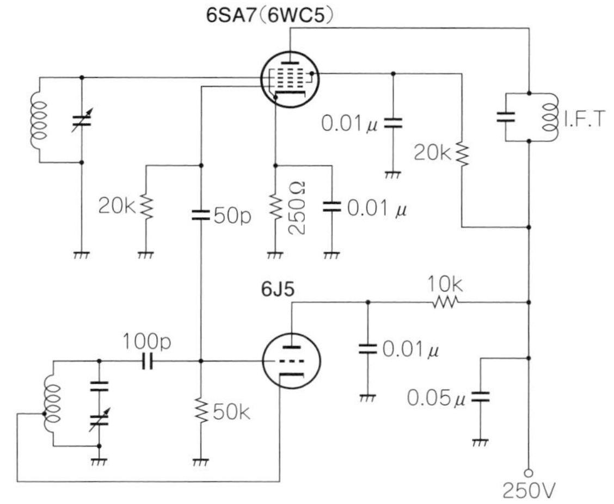

図6 7極管を使用した混合回路の例（他励発振式）

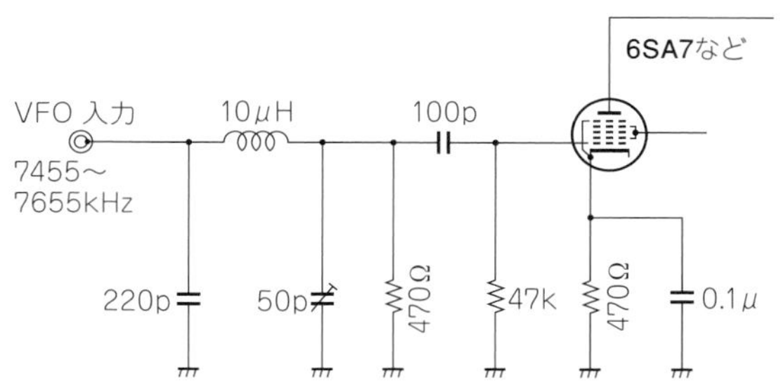

図7 50Ω系の出力を7極管に入力する回路

サの回路図を**図4**に示しますので参考にしてください．局発の最適注入レベルは，カソード電圧が1割くらい上がったところ付近にあると思われます．

しかし3極管で大きな利得はなかなか望めませんでした．コリンズの51S-1型受信機は3極管で混合をしています．筆者も実験をしてみました．VHF帯やUHF帯では素晴らしい3極管の混合器も，HF帯では利得や安定度の点で動作点を選ぶことが難しかった思い出があります．実際に作ってみると，レベル配分やコイルなどがコリンズと同じにはできないのです．

■ 7極管を使ったもの

筆者は，10MHz以下の受信では安定な7極管（ペンタグリッド管とも呼ばれる）の混合器やコンバータが使いやすいと思います．6BE6に代表される多極管混合器の実例を**図5**に示します．6BE6だけでなく他の同等管6WC5や6SA7も同様の動作をします．この回路は自励式のコンバータ回路となっており，第3グリッドに受信信号を，第1グリッドに局発周波数に共振する*LC*回路を接続するオーソドックスなものです．

- **外部に発振回路を持つ他励式について**

他励式とは混合回路の外部に別途発振回路を持つものです．これは単独の発振回路なので，周波数安定度などを向上させることができます．**図6**は6BE6/6SA7/6WC5を使った標準的な他励発振の混合回路の例です．7極管を使うと球自身から発生する雑音は大きいものの，短波帯の低い方や放送波帯では空間雑音が多いので問題なく利用できます．

- **他励式の局発信号電圧**

6BE6のような7極管では，混合する局発信号にある程度の電圧が必要です．トランジスタなどの半導体発振器などで出力電圧が低い場合は球で増幅するのも1つの手です．7MHz帯なら，*LC*1段のパイマッチ・セクションを使ってグリッドをドライブすることが可能です（**図7**）．

50Ω系を真空管の混合回路へ直接入力すること

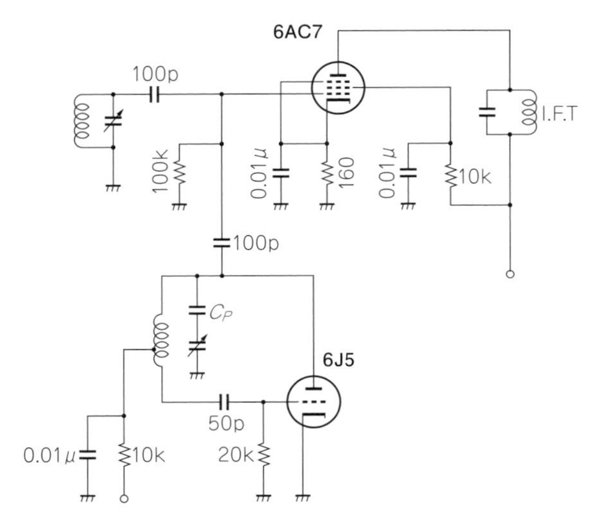

図8　5極管を使用した混合回路の例
(3極管部は発振回路)
『無線と実験』1953年10月号 p.81より引用(定数は一部変更)

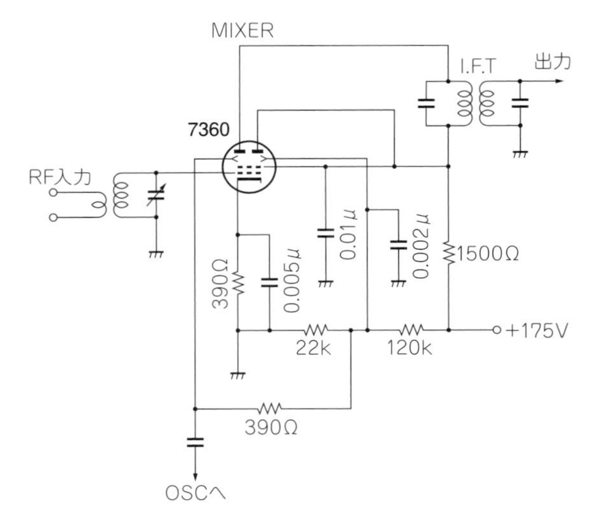

図9　7360を使用した混合回路の例
ARRL HANDBOOK 1969年 p.103より引用

は難しいと思います．筆者は実際にDDS発振器を真空管の局発周波数として直接入力してみましたが，グリッド電流が流れず混合管としての動作はしませんでした．

■ 5極管を使った他励混合回路

5極管を混合回路に使った例を**図8**に示します．発振は3極管でも大丈夫です．5極管を混合管として使用した場合，G_mが約¼くらいで動作します．1例を挙げると6AH6の場合，9000μSのG_mが2250μSとなってしまい，通常の増幅よりかなりゲインが下がります．

それでも6SA7/6BE6のG_m＝500と比べると5.5倍ほど違います．等価雑音抵抗は0.9kΩ×3＝2.7kΩとなりますが，6SA7/6BE6の250kΩと比べると1/10であり，雑音の少ない混合器となります．

しかし，次の欠点も持っているので注意が必要です．局発と信号を一緒に注入するグリッド・インジェクション回路は局発と入力信号の相互作用が大きく，中間周波数が低い場合に混合回路へAGCを掛けると，局発が影響を受け発振周波数が変動するので注意が必要です．

スクリーン・グリッドへ500kΩくらいの高抵抗を直列に入れ，利得を下げると安定な動作となります．スクリーン・グリッドの電圧を高くすると増幅率は上がりますが不安定になります．50MHzや144MHz用としては6AK5や5654が優れています．HF帯はどんな真空管でもFBに動作しますが，一般的な6AU6などが良いと思います．

■ ビーム偏向管 7360を使った混合回路

図9に示す回路図はビーム偏向管 7360による混合回路です．これはミキサ用真空管としては最もノイズが少なく，混変調特性が優れていると言われており，いまだに人気のある回路です．筆者もこの回路が好きで多用しています．

SSBの変調器に最適なこの球は，FTDX 400やFT200，TS-500などに使われていたため今でも人気があり比較的高価です．カラーTVの色復調用に開発された真空管(6AR8や6JH8)が安いので，筆者はよく使用しています．この球をSSBのバランスド・モジュレータに使うと経年変化でバランスがずれることがありますが，受信機ではバランスの必要がないのでFBな動作をしてくれます．

受信機のコンバージョン方式

現在の多くの受信機は，最初の周波数変換で受信信号を数十MHzという高い周波数へ変換しています．この受信周波数より高い中間周波数に変換する方式はアップコンバージョン方式と呼ばれます．この方式はイメージ妨害を防ぐには大変良い方法で，広帯域受信も実現できます．

高い周波数のフィルタは，かつては良いものが得られなかったことと，IF増幅回路の安定度などの問題があり，なかなか普及しませんでした．現在は技術の進歩でこれらの問題は解決されています．しかし部品入手と実装の難しさから，筆者はこの方法ではなく昔からのスタンダードなダウンコンバージョン方式で自作しています．

Column ❶ 日本独自の6WC5

• **最初のIF周波数は数十kHz**

米国でスーパーヘテロダインが普及し始めた1930年頃は，当時の3極管でも増幅可能な数十kHzが中間周波数として利用されていました．これは，電極の大きい当時の3極管では受信周波数をそのまま増幅をするのが難しいためです．それには中和回路で回路上の電極容量を減らす対応が必要です．現在の測定器を使っても，中和回路の完全な調整は大変です．まして100年前ですから，その当時の技術者の方々の苦労がしのばれます．

• **6SA7の派生管**

周波数変換の球で特に使いやすかったのは，6BE6と6SA7，6WC5の7極管でした．これらに合わせたコイルも，1970年代前半までは各メーカーから市販されており（**写真A**と**写真B**），このコイルと市販のバリコンを使えば間違いなくラジオ放送や短波放送，アマチュア無線が入感できた時代でした．

6BE6は6SA7のミニチュア（MT）管で，高感度で安定した使いやすい真空管です．6WC5は日本独特のST管で，米国の6SA7を模して作られた真空管でした．普通はST管からGT管，MT管へと徐々に小型化されて進歩するのですが，この6WC5は逆の進歩をした珍しい真空管でしょう．6WC5は大量に作られ，昭和20年代の5球スーパーの代名詞となりました．

6WC5と同じ形の6SA7のG管（ST管のベース部のみGTソケット）を筆者は見たことがありません．米国での6SA7はメタル管またはGT管でした．日本でもそっくり同じものを作ればよかったのですが，当時の日本では小さなGT管の中へ収容するのは難しかったのでしょう．

写真A　販売されていた単品の発振コイル

• **日本のST管**

戦後，日本国内の真空管のメーカーは100社を超えていたそうです．筆者の住む長野県松本市にも製造工場があって真空管を製造していたと，ローカルの2文字のOMより聞いています．そのような町工場でも作れるように大型の真空管になったのでしょう．

1950年頃の古い無線雑誌を読むと，日本のセットメーカーが米国向けにラジオの輸出をするためにサンプルを送ったところ，何でこんな20年近く前の古い型の真空管（ST管）を使ったセットを送ってくるのかと，米国の商社よりお叱りがあったそうです．

1950年頃の米国はすでにMT管が主流で，MT・GT管などの小型管を使用したラジオが大多数でした．そして特殊な用途を除きST管は使われていませんでした．

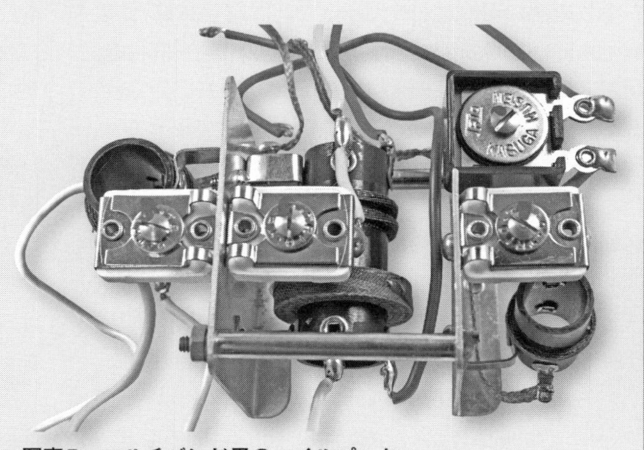

写真B　マルチバンド用のコイルパック

5-2 IF増幅回路

スーパーヘテロダイン方式の性能は，ほぼこのIF増幅回路の性能で決まります．この回路で感度・選択度・*S/N*比が決まるのです．また感度とも関係しますが，AGC（AVC）[注1]もこの回路の増幅率を変化させて行っています．実用的な受信機ではこの回路の性能が重要です．ここではIF増幅回路の解説を行います．

受信機の性能のおさらい

受信機の性能はバランスで成り立ちます．最終的には人の耳で聞く（デジタル通信を除く）ので，以下の項目がとても重要となります．

- **感度**

「受信信号を一定のレベルの音声信号に復調するための最小の入力信号」と一言で表されています．AMの場合は，音声信号とノイズの差が10dBとなったときのアンテナ端子への信号強度で表し，一般的にはdBμVの単位が用いられます[注2]．なお感度はS/N比や安定度とトレードオフの関係となります．

- **選択度**

必要な信号を選別する能力を表し，選択度を上げると音質は低下します．これは選択度を上げると帯域幅が狭くなるためです．帯域幅とは通信に使用される周波数の幅のことで，この幅が広いほど多くの情報を伝えられ，アナログ通信の場合は周波数特性が良くなります．

中波放送の帯域幅は15kHzで，放送を良好に聞くためには10kHz以上の帯域が必要です．帯域の制限とは，594kHzのAM放送（10kHz）を例とすると589～599kHzまでの信号を通過させ，その他の信号はカットすることです．ラジオではIFTなどの素子（後述）によって帯域制限を行っています．必要に応じて帯域の周波数を通過する性能が「選択度」と呼ばれます．

またアマチュア無線では，AMは6kHz，SSBは3kHzの帯域となり，帯域外をカットしないと7MHzなどの込み入った周波数帯では実用にはなりません．そのため，帯域フィルタと呼ばれる帯域制限素子によって帯域以外の信号をカットしています．モードによって帯域幅は異なります．最近の受信機では帯域フィルタとしてDSPを使用している機種も多くなっています．

- **S/N比**

受信機には増幅回路や周波数変換回路などさまざまな内部雑音の発生源があります．したがってシンプルな回路ほど内部雑音が少なく，S/N比が良い受信機となります．また受信機のゲインが高いほどS/N比も低くなります．

受信機に付いているRFゲインを絞るとS/N比が高くなります．さらにAGC（AVC）によるゲイン・コントロールが働くとS/N比が良くなります．

- **安定度**

現代のメーカー製受信機には，安定度が問題となるようなものはありません．現在では死語に近いのですが，安定度の意味は「受信状態を保つこと」です．これは自作機では大切な項目で，機器に近づくと受信周波数が変化したり，発振したなどの経験を持つ人も多いでしょう．これは部品の配置や配線処理などで大きく異なります．

IF増幅回路の帯域制限素子

今までに真空管やトランジスタなどのアナログ回路で主に使われてきた帯域制限素子には，以下のものがあります．

■ *LC*によるもの

一般的にIFT（Intermediate Frequency Transformer）と呼ばれるもので，*LC*の共振で通過帯域を決めているものです．2～3段くらいのIFTを使用したものが，ラジオをはじめ多くのアナログ受信機で用いられています．IFTの共振周波数は，その設定は以下のタイプがあります．LCフィルタによるIFTは周波数の自由度が高いのですが，

注1：Auto Gain ControlやAuto Volume Controlと呼ばれる．受信信号の強弱によって増幅度（Gain）の制御を行い，受信信号の強さが変化しても音声出力をほぼ一定に保つことで，フェージングなどの信号強度の変化を聞きやすくする回路．

注2：感度の測定の単位としてdBμV（PD：終端電圧）が用いられる．1dBμV（PD）は－113dBm（0.005pW）となる．アマチュア無線機器のカタログ値はPD値が用いられ，解放値（EMF）より－6dBμ分良く表示される．

写真1　バリコンで同調周波数を調整するIFT

写真2　コア位置で同調周波数を調整するIFT

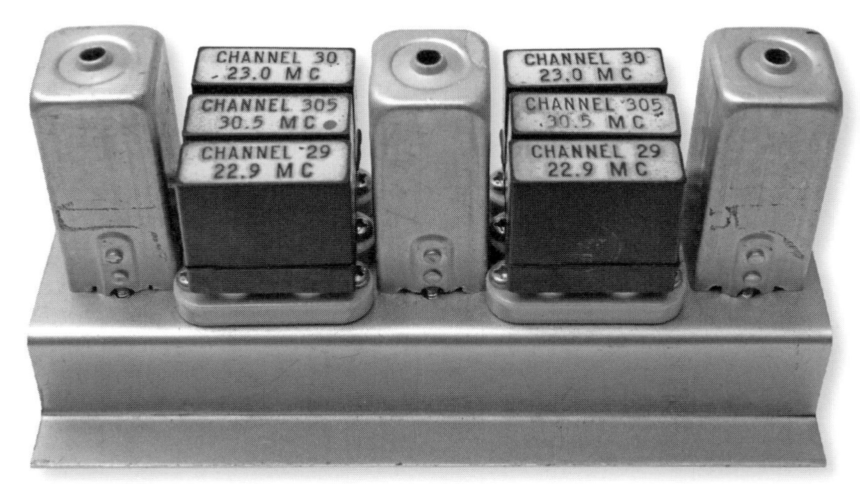

写真3
FT-241を使用して
自作した自作フィルタ

帯域の幅は広くなってしまいます．

IFTには，固定コイルと可変コンデンサ（バリコン）の組み合わせや（**写真1**），固定コンデンサでダスト・コアなどの位置をボビンの中で調整するもの（**写真2**）があります．

- **コイルのQを上げて通過周波数を低く設定（50kHz）したもの**

ドレークのR-4，R-4A，R-4Bなどの受信機に使われました．これらの受信機は通過帯域が0.4/1.2/2.4/4.8kHzから選択可能で，中心周波数も可変式です．このフィルタはとても素晴らしい切れだと思います．機会があればリファレンスとして聞いてみることをお勧めします．

- **IF段を多段とする方式**

通常のラジオや受信機ではIF段が2段か3段ですが，急峻（きゅうしゅん）なフィルタ特性を出すために，軍用受信機のコリンズR392などに採用されました．

■ 水晶フィルタ

水晶振動子を組み合わせることにより必要な帯域幅を得る方式で，一般的にはラダー・フィルタと呼ばれる水晶フィルタが使われています．これは水晶振動子の高いQを利用しており，通過する帯域は狭く，シャープなフィルタが可能です．

水晶フィルタの技術が進歩することで2.4kHz（SSB用）や500Hz（CW用）などの帯域フィルタが多くのアマチュア無線機に使用され，SSBでの運用が一般的になりました．

写真3は50年以上前の自作フィルタで，米軍放出のジャンクの水晶振動子（FT-241）を使ってい

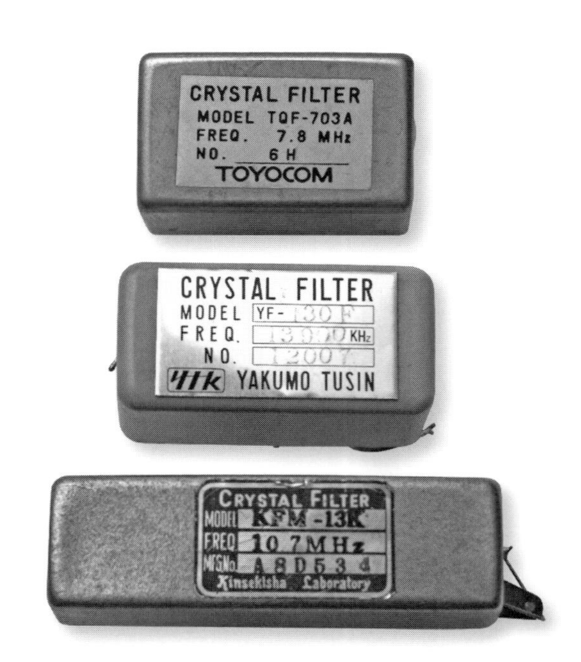

写真4　製品として販売されているクリスタル・フィルタ

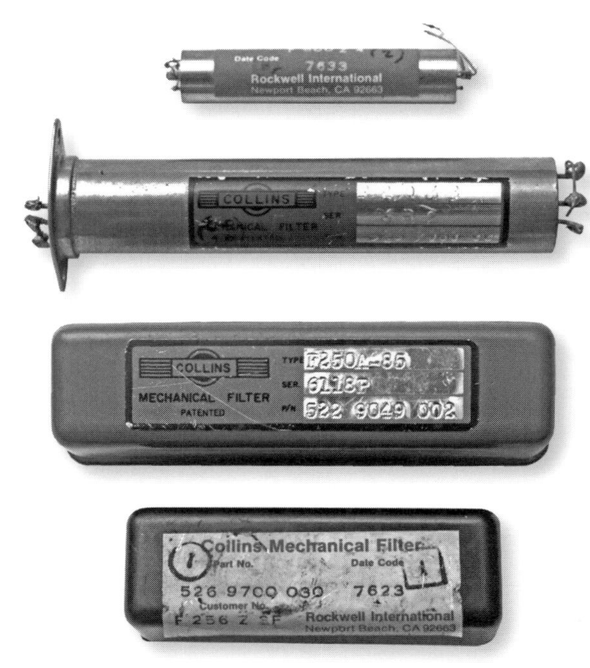

写真5　コリンズのメカニカル・フィルタ

ます．**写真4**がメーカー製の各種クリスタル・フィルタです．

■ メカニカル・フィルタ

コリンズのメカニカル・フィルタ（**写真5**）をはじめ，国産では国際電気のものが有名です．これは機械的な共振を利用したもので，内部は共振体が縦列に並んでいます．機械振動によるものなので通過周波数は低め（最大800kHz程度）ですが，急峻なフィルタ特性は現在でも根強い愛好者がいます．ただし，機械的な共振を利用するため高い周波数には対応できません（中心周波数は500kHz以下が多い）．

■ セラミック・フィルタ

これはセラミック振動子を使ったフィルタで一般のラジオ（AM，FM）選択素子として多く利用されています．単価も安く，さまざまな周波数帯のもの（最大100MHz程度）があります．小型で使いやすいため，HFからUHFのアマチュア無線機をはじめ，ありとあらゆる無線機に使われています．

AGC回路について

この回路によって，フェージングなどの信号強度の変化にあまり影響を受けずに放送を聞くことができます．これはAuto Gain Controlの略で，受信信号の強弱によって受信機のゲイン（増幅度）を変えるしくみです．この回路があるから受信機は一定の音量を保つことができるのです．AGC回路はよく考えられたフィードバック回路です．

■ 増幅率を変える

受信する電波には強いものも弱いものもあります．電波が強ければアッテネータなどで減衰しても良いでしょう．しかし受信機全体の増幅率は変わらないので内部雑音は最大値のままです．受信機の増幅率を変えると，内部雑音を減少することができるのです．

■ AGCは通信目的によって異なる

昔はAGC回路がありませんでした．ストレート受信機や再生式受信機の実験をされた皆さんは，放送局やフェージングによって電波の強さの違いを実感されたことでしょう．さらに，アマチュア無線機には，受信感度が著しく高いこととSSBやCWなど一定の搬送波がない信号への対応が必要なので，制御はAMとは異なりますがその原理は一緒です．

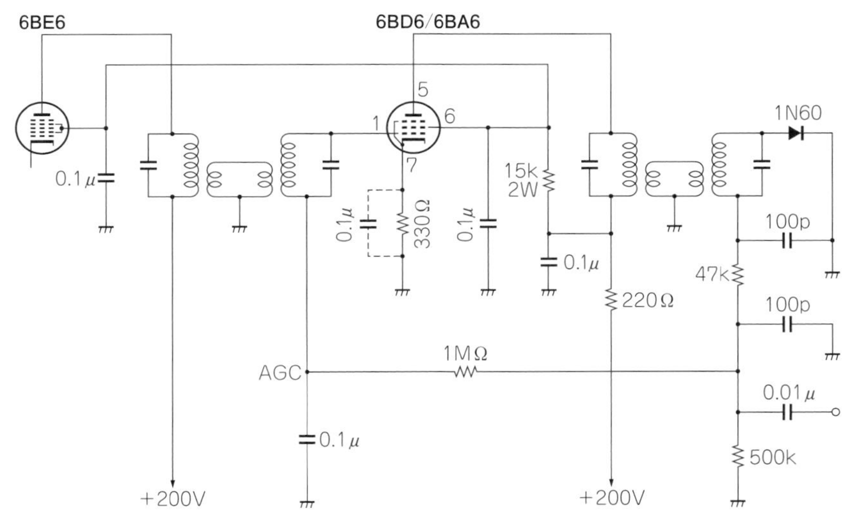

■ AGC信号

AMでは，搬送波を検波しその信号にローパス・フィルタを通して音声信号分を除去すると直流出力となります．この信号をAGCのゲイン・コントロールに使います．

この直流電圧は電波の強さに比例した電圧となって現れます．この電圧で周波数変換回路（周波数変換回路も増幅を行うため）とIF増幅の増幅率を変化させているのです．

• 反応する時間

信号変化に反応する時間も重要です．この設定によって受信音声に違和感が生じたりします．中波受信の場合は0.1秒くらいに設定することが多いのですが，アマチュア無線機では時定数を変更できる機種も多く存在し，その時定数の設定が各メーカーのノウハウとなっているようです．

IFTについて

小型の10mm角や7mm角のものは現在でも多く販売されており，自作には十分使えます．真空管用の昔ながらのIFTの入手は少々大変です．若干高価ですが，それでもサトー電気などで入手は可能です．

■ IFTを使の注意点

古いラジオのジャンクIFTも使えます．こうしたジャンク品は，コイルをテスタで断線のチェックをすれば使えるか使えないかの判断ができます．

しかし並列に入っているコンデンサには注意が必要です．特に古いキャラメル型マイカ・コンデンサに関してはLCR計でチェックした方が良いでしょう．このタイプには，リード線の引き出し部分から湿気が入り，内部の電極が不良となっているものが見られます．

IFTはシールド・ケースの中にコイルとコンデンサが内蔵されているので，セットを組み立てた後に交換するのは大変な作業です．事前にチェックをすれば無駄な作業を減らせます．

• 小型IFTを真空管で使ってみる

今回は入手性の高いコイルを使ったIF増幅器を使ってみました．使用したのはトランジスタ・ラジオ用のIFTを4個です．このIFTには白・黄・黒の3種類があり（赤は局部発振回路用），各増幅段に適した巻き線となっています．

今回の製作に当たり3種類のIFTを比較してみました．どの色でも使用可能です．2次側巻き線が同一インピーダンスのため，同色品を2個ずつ使った方が良いでしょう．

IF増幅回路の例

図1に回路図を示します．これは周波数変換回路と一緒に組み立てています．その理由はは中間周波数の配線を短くするためです．アルミシャーシやプリント基板はないので，コイルを横にしてアース

写真6　製作した周波数変換回路とIF増幅回路

表1　IF増幅用真空管

品　名	備　考
6BD6	日本でラジオ用として多用された
6BA6	高信頼管の5749が入手できる
6BJ6	省エネヒータ 6.3V-0.15A
6DC6	コリンズ KWM-2などで使用
6BZ6	YAESU FT200，FT-400などで使用

線部分へはんだ付けします．外側ケースは必ずアースに落としましょう．浮いていると発振してしまいます．まな板作りでの配置は**写真6**を参照すると良いでしょう．

IFTは横から調整できるようにすべきです．2次側の巻き線同士を内側に配置すると良いでしょう．後述のように，この回路は音声を出力するので，スーパーヘテロダイン受信機として動作します．

■ 小型IFTを使用するための検討

トランジスタ・ラジオ用の小型IFTは耐圧が心配だったのですが，何の問題もなく使えています．念のため，＋B回路へ直列に220Ω ¼Wの抵抗をヒューズ代わりに入れ，仮にショートした場合はこの抵抗が焼き切れるようにしています．筆者の友人もこの状態で長年使っているようですが，トラブルはないとのことです．

トランジスタ・ラジオ用のIFTを4個使った回路は，アルミケースに入ったIFTとほとんど同一の特性を示します．2次側のコイルは直接結合しています．IFTの間を300pFのコンデンサで結合したところ，IFTの帯域幅が約半分ほどになりました．300～1000pFくらいのコンデンサを間に入れることにより帯域を制限できるので，狭帯域を必要とする場合は実験をされると良いでしょう．コンデンサによって帯域幅が狭くなりすぎたので，今回は直接結合しています．

■ IF増幅用真空管について

表1に示す真空管が使えます．使えるのはリモート・カットオフまたはセミリモート・カットオフと表示された真空管です．別名スーパー・コントロール管と呼ばれるもので，グリッドの直流電圧の変化により，真空管の増幅率を大きく変化させることができます．

グリッドへの入力信号は高周波で，ゲイン・コントロールの電圧は直流となります．これらの信号を重畳(ちょうじょう)して加えています．

その他MT管にはテレビ用の高感度球がありますが，G_mが高すぎて発振する恐れがあるので，今回は省略します．455kHzのIFにはMT管の6BD6（**写真7**：右）が一番使いやすいでしょう．周波数が低いうえに帯域もあまり広くなく，455kHzのコイルのQで増幅率が上がるためです．しかし6BD6は米国製のものが少なく，米軍でもほとんど使用しなかったため，現在市場に出回っている量が多くありません．

- **6BA6をIF増幅に使う**

そこで今回は6BA6（**写真7**：左）を使いました．6BA6は大変高性能な真空管で，米国の通信機にも

写真7　左:6BA6，右:6BD6

写真8　左:6SG7 GT管
右:6SG7 メタル管

写真9　左:6C6，右:6D6

多用されました．しかし長所ばかりでなく，高性能ゆえに発振しやすいという性格も持っています．プレート⇔グリッド間静電容量（$C_{p\text{-}g}$）0.0035pFは，MT管の中では最小で安定な動作をします．

この6BA6を安定に使う方法があります．IF増幅回路ではカソードのバイパス・コンデンサを取り去り（p.71，**図1**の点線部分），ゲインを下げています．カソードのバイパス・コンデンサを取り去る方法の他に，IFTのコイルのタップを利用することもできます．昔は使用する真空管に合わせてIFTを設計して使っていたとも聞いていますが，現在は，今ある部品を組み合わせて使う必要があります．

もちろんMT管に限らず，GT管やメタル管（**写真8**），ロクタル管，ST管（**写真9**）なども使えます．他の真空管に比べるとST管はシールドが弱いため，どうしてもシールド・ケースが必要です（6D6，78，58など）．アルミシャーシに配置するときは，入力と出力が交差しないような配慮が必要です．

■ 検波回路

この回路に6AL5などの2極管も使えます．今回はゲルマニウム・ダイオードで検波することとします．

検波器によって音声信号とAM放送の搬送波を一緒に検波します．搬送波を検波した信号は直流出力となるので，これをAGC回路に使います．そして，この直流出力は電波の強さに比例した直流電圧となって現れます．この信号は搬送波の直流出力なので，直流電圧は1MΩと0.1μFのローパス・フィルタを通し，音声信号分を除去して使います．

音声出力には，必ず0.01μF以下のフィルム・コンデンサを直列に入れる必要があります．この結合コンデンサがないと，AGC出力が流れてしまうので注意が必要です．

• AGCの時定数と動作確認

中波放送の場合，時定数を1MΩ×0.1μF＝0.1秒くらいに設定しています．フェージングにも対応できる定数です．47kΩと100pFは455kHzに対するローパス・フィルタとなります．

AGC回路のチェックに普通のテスタは使えません．オシロスコープの10MΩプローブを付けて測るか，または入力インピーダンスの高いデジボルなどで計測すると良いでしょう．検波器の出力が500kΩと大変高い抵抗値なので，測定には注意が必要です．この例では周波数変換回路へのAGCは掛けていません．近くに超強力な放送局がある場合は付けた方が良いでしょう．

■ 音声出力

今回の検波出力には500kΩの抵抗を付けています．

低周波増幅回路をつなげると，5球スーパーヘテロダイン受信機と同等になります．

調整について

一般的な受信機の調整方法を記します．これは受信機の製作には必須なので，何度か行って体得すると良いでしょう．

■ IFの同調調整（IFT調整）

455kHzを出力できる発振器を使います．標準信号発生器（SSG）などを持っている方は，出力を0dBm（1mW）くらいとして受信機のアンテナ入力端子へ接続します．

信号発生器は，1kHzのAM変調モードで変調度を30%にしておけば良いでしょう．可能であればミノムシ・クリップでAGC回路をアースに落とし，AGCの動作を止めます．この調整作業は放送の聞こえない周波数で行います．

- **IF信号を確認する**

455kHzの信号を確認します．これは1kHzの音声信号が聞こえることを確認します．出力電圧が大きすぎるときは信号発生器の出力を絞っていきます．適度な音量の位置で同調バリコンを回し，どこの位置でも455kHzの信号が聞こえることを確認します．

- **最大出力に調整する**

スピーカ出力にAC電圧計を付けて指示が最大となるようにIFTのコアを回します．これは数回行えば良いでしょう．AGC回路をアースしていたミノムシ・クリップを外せば調整終了です．こうした調整はやはりアナログ・テスタの方が行いやすいと思います．

■ 単1調整（トラッキング調整）

この調整は，局発周波数の最小値（525＋455＝980kHz）と最大値（1605＋455＝2050kHz）で同調周波数と局部発振周波数の同期を行うことです．この調整が合っていないと受信機の性能は発揮できません．

さらにダイヤルの周波数表示と実際の受信周波数を合わせる作業も必要です．以下に5球スーパー・コイル「5S-H」に記載されていた調整の概要を示します．

- **事前準備**

調整信号は400HzのAM変調で変調度は30%とします．スピーカ出力にAC電圧計を取り付けます．アンテナ端子に100pFのコンデンサと直列にSSGの出力を接続します．

- **低い周波数の調整**

ダイヤルを600kHzにして，SSGから600kHzを出力します．パディング・コンデンサ（多くの機種では局発コイルのコア）で600kHzの受信出力が最大値になるよう調整します．

- **高い周波数の調整**

ダイヤルを1400kHzにして，SSGから1400kHzを出力します．バリコン（局発側）のトリマ・コンデンサで1400kHzの受信出力が最大値になるよう調整します．この1400kHzの調整を行うと600kHzの調整がズレるので，600kHzで調整を行い，もう一度1400kHzの調整を行います．低い周波数はOSCコイル，高い周波数は局部発振バリコンのトリマ・コンデンサでダイヤルと受信周波数を一致させます．

- **アンテナ同調**

1400kHzでバリコンのANT側のトリマ・コンデンサを音量が最大になるように調整します．空芯コイルの場合に，600kHzでANTコイルへ調整棒を入れて音声出力が増えるなら，ダイヤルと多少ズレても，OSCコイルを調整しながらダイヤルで信号を追い掛けて，音量が最大になるように調整します．

■ 信号発生器がない場合の調整

600kHz付近と1400kHz付近の放送信号を用いて調整を行うことになります．しかし放送信号は一定レベルとはならず，放送局によって信号強度が大幅に異なります．

作業効率と調整の精度を考えると，スーパーヘテロダイン受信機の調整には信号発生器が必須といえます．

参考文献

（1）木賀忠雄 JA1AR，受信機の設計と製作，CQ出版社，1962年
（2）実用真空管ハンドブック，誠文堂新光社
（3）TRIO，TECHNICAL DATA SHEET No.5，1954

5-3 ジャンクラジオを4球スーパーに作り替える

部品として考えるジャンクラジオ

真空管ラジオの後期(1960年代)に多く生産された，プラスチックケースに入った5球スーパーが，オークションサイトなら数千円程度で入手できます．これらの多くは，電源トランスを省いて価格を抑えたトランスレス式と呼ばれるものです．このおかげでラジオが普及しました．

しかし，安価でも基本性能はしっかりしています．多くは5球のスーパーヘテロダイン(マジックアイなどを付加したものもあった)で，トランスレス式5球スーパー(以下，5球スーパー)と呼ばれていました．筆者宅にもこうしたラジオが数台あります．

これらをアマチュア無線に活用する方法を考えたところ，50.5MHzや7195kHzなどのAM通信の親受信機として十分に使えそうです．本節では，安価に入手できる5球スーパーを材料として，親機として使える受信機の製作を紹介します．

トランスレスとは

電源トランスがない受信機(**写真1**)のことです．多くの構成でのヒータ電源(A電源)は，12V管を3本/35Vの電力増幅管と35Vの整流管のヒータを直列接続(12×3＋35＋35＝106)して，AC100Vで直接点灯します．ただし接続される球のヒータ電流は全て同じでなければなりません．そのため使える球は限られてしまいます．

プレート電源(B電源)はAC100Vを整流し，DC100V程度を供給しています．トランスレスの多くはAC100Vの片側がシャーシに接続されるため，シャーシに触れると感電することがあります．そのためトランスレス受信機をケースに入れず，シャーシのみで動作させることは危険です．また，PU(ピックアップ)端子による外部入力ができるものもありますが，これはシャーシと接続機器とをしっかり分離(アイソレーション)する必要があります．

感電を防ぐには，電源トランスで電灯線とのアイソレーションが必要です．手っ取り早いのが，1A程度の1:1トランスを電灯線との間に入れることです．

■ 整流管35W4とパイロットランプ

トランスレス受信機で使用される整流管35W4(**写真2**)は，耐圧を超えるとヒータが切れることが多く，これによって異常時に他の回路が保護されます．ほとんどの機種に6V 0.15Aのパイロットランプ(ダイヤル照明)が付いており，これは35W4のパイロットランプ用のヒータタップから接続されています(p.76，**図1**)．このパイロットランプが切れると35W4のヒータも切れることになります．5球スーパーは絶妙なバランスで成り立っています．そのためか，35W4は少し入手が難しくなってきているようです．

写真1　トランスレス式5球スーパーの例
ほとんどがプラスチックのケース

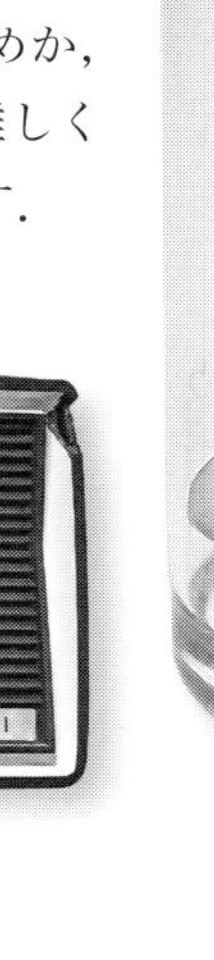

写真2　35W4

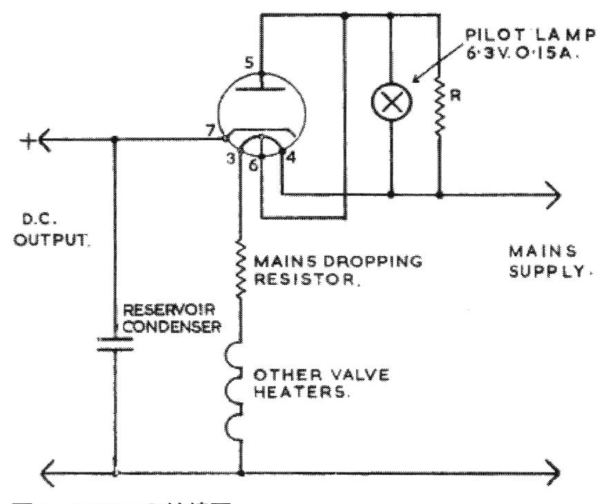

図1　35W4の結線図
BRIMAR 35W4 APPLICATION REPORTより引用

４球スーパーに作り直す

トランスレス受信機に感電対策を施して修理するよりも，トランスレス受信機を分解し，その部品を流用して製作し直した方が面白いと思い，アルミシャーシを購入し作り直してみました（鉄シャーシは加工も大変）．

現在でも５球スーパーのキットが販売されていますが，とても高価なのでジャンクの５球スーパーを作り直す方が現実的でしょう．今では，入手が難しいバリコンやコイル，そしてIFTを流用できるので安価に製作可能です．筆者は3台のトランスレス受信機を作り直してみました．

■ 1号機

５球スーパーのうち整流管を除く４球をそのまま使ってみました．整流管の35W4は不良で使えず，約50Vのトランスを用いて倍電圧整流回路で約120Vを生成し，平滑回路により100V近くの電圧で動作しています（**写真3**）．**図2**に１号機の回路を示します．

■ 2号機

使用した電源トランスが45V 0.3Aと小さかったため，12V管のヒータを４本直列に接続して使っています．100Vから抵抗を入れてヒータだけドロップさせて使う方法もあるのですが，ヒータハムという点とドロップ抵抗が50V×0.15A＝7.5Wもの発熱をするので，トランスからヒータ電流を取り，残りの電流を＋B回路の電流として使いました．

電力増幅管としてヒータが12V 0.15Aの球を探したのですが，MT管ではそれに該当するものがなく，しかたなく電圧増幅管でミューの低い12AU7のパラレルとして出力管の代用としました（**写真4**）．

■ 3号機

筆者の趣味で，オールメタル管で製作してみました（p.78，**写真5**）．メタル管の中に米軍の航空機に多用された低周波出力管12A6という素晴らしい球があります．これのヒータは12V 0.15Aで

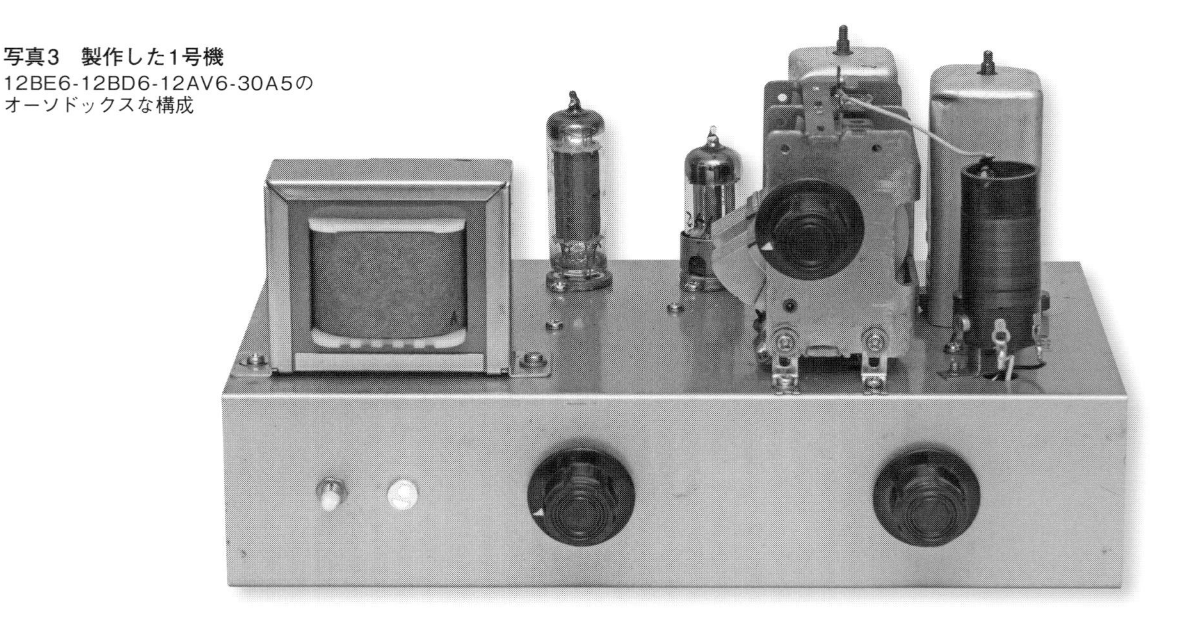
写真3　製作した1号機
12BE6-12BD6-12AV6-30A5のオーソドックスな構成

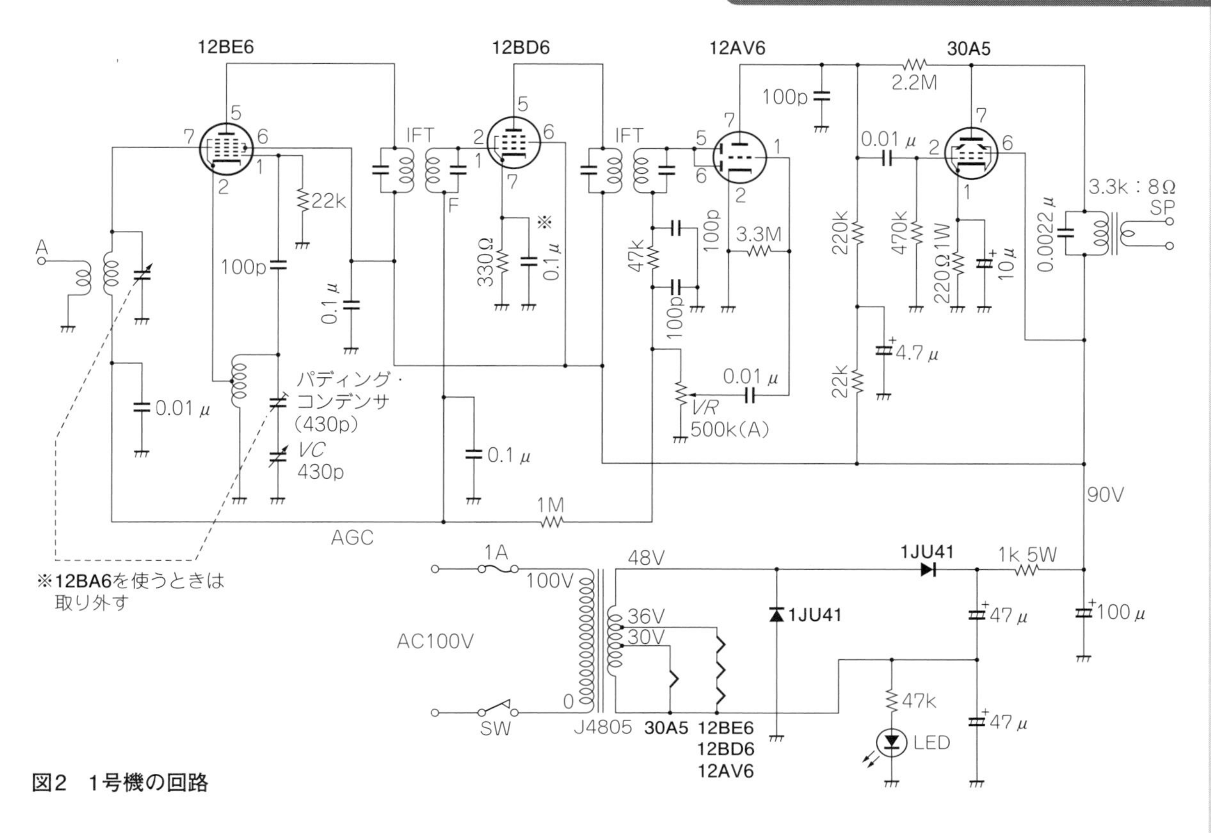

図2 1号機の回路

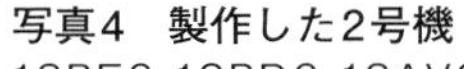

写真4 製作した2号機
12BE6-12BD6-12AV6-12AU7の構成で音声電力はパラ出力とした

素晴らしい動作をします．使用した12SQ7はJAØGWK 曽根原OM，トランスをJJØTDF 池上OMよりいただいたことを記しておきます．

構成は整流管を除いて一般的な5球スーパーと同じです．周波数変換に7極管を，中間周波増幅には可変増幅率の5極管を，検波兼低周波増幅1段の出力管には1号機と3号機はビーム管，2号機は3極管をパラで使っています．

写真5　製作した3号機
全てメタル管の12SA7-12SG7-12SQ7-12A6で構成した

■電源

• ヒータの点灯

5球スーパーの多くは，12BE6-12BD6-12AV6-35C5-35W4を使用した構成となっています．このヒータの合計電圧106VをAC100Vで点灯しています．電力増幅管の35C5は30A5でも代替ができます．その場合のヒータの合計電圧は101Vとなり，AC100Vで問題なく使えます．米国では35C5や30A5の代わりに50C5を使って117V近くの電圧としています．

整流管の35W4を省くことでヒータの合計電圧が70Vほどになり，約50Vのトランスのタップを工夫すればヒータを点灯できます．一般的に，ヒータ電流には±10%のばらつきがあるといわれています．ヒータを直列接続すると，各球のヒータ電圧にばらつきが出てきますが，±10%以下なら大丈夫です．10%を超える場合は球を交換した方が良いでしょう．

• 整流

ヒータは交流で点灯できますが，それ以外にB電圧が必要です．トランス式のB電圧は250V程度ですが，電力増幅管の35C5や30A5は100V程度で十分な出力を取り出すことができ100V以下でも十分実用になります．

[トランス]

SEL（菅野電機研究所）には本機にフィットするものがあったのですが，現在は入手できません．約50Vの電源トランスとして，トヨズミまたはラジオセンターの東栄トランスで販売しているものを活用します．

[ダイオードと平滑回路]

整流回路は普通の倍電圧回路で120Vほどを得ています．整流にはノイズの少ないファーストリカバリーダイオードが最適だと考えます．1～3号機までの整流回路は同一です．電解コンデンサは小型で容量の大きなものが入手可能なので，容量は47μFで十分でした．代わりに100μFを入れてみたのですが，ハム音はあまり変化しませんでした．抵抗で平滑回路を組むとどうしても電圧降下が気になります．

筆者の場合，ハム音はあまり気になりませんでした．気になる方は，チョーク・トランスを入れることをお勧めします．この場合は市販の3H以上のもので良いでしょう．

• パイロットランプ

5球スーパーは6.3V 0.15A以外のランプは使えませんが，トランス式だと自由度が高くなります．作り直すならLEDのランプはいかがでしょうか．秋月電子通商にブラケット付きのものがあるので利用すると良いでしょう．現在のLEDはわずかな電流でも明るく点灯します．

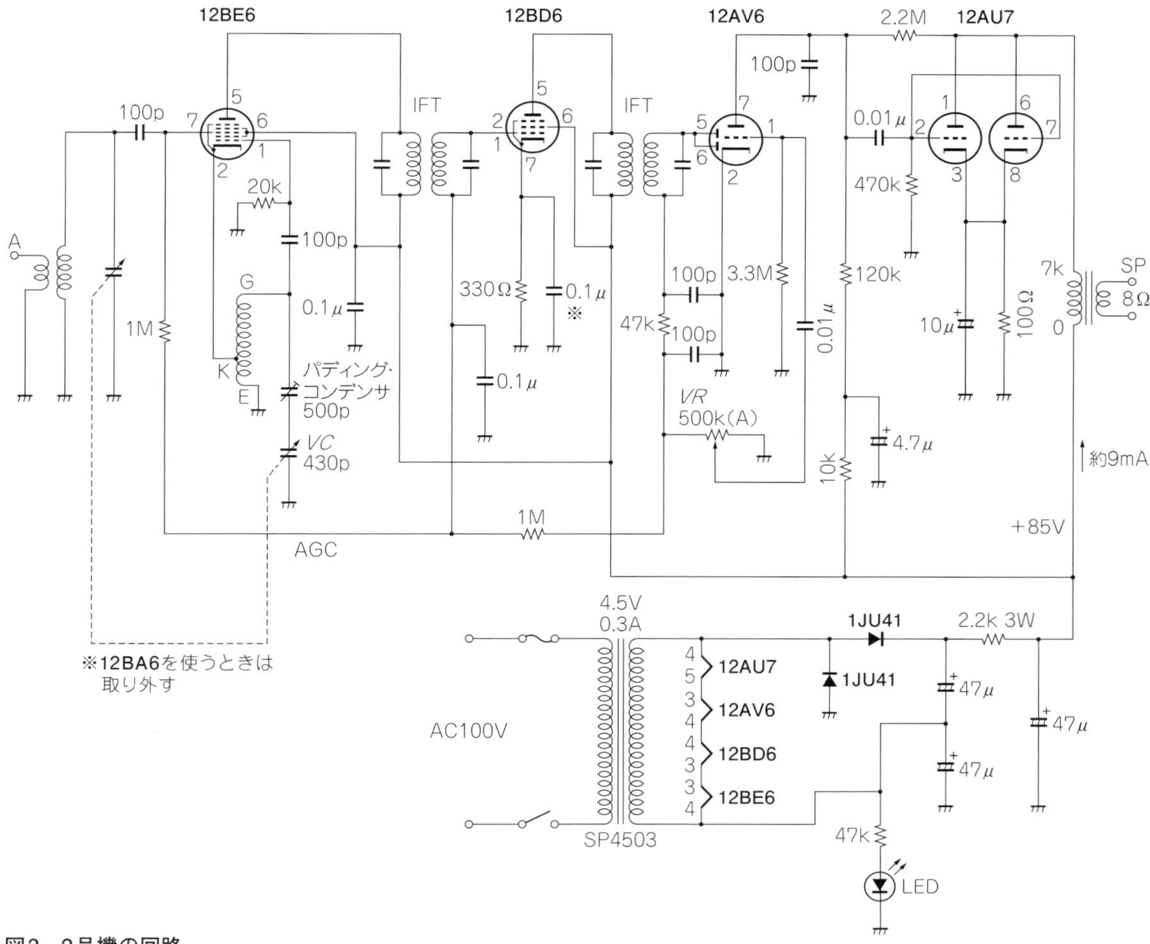

図3 2号機の回路

■ 回路

• IF増幅

IF増幅にはハイG_mのリモートカットオフ特性である12SG7/12BA6，または古くからありG_mの低い12SK7/12BD6が使われています．日本ではG_mの低い12BD6が多く使われ，米国では12BA6が多く使われました．これらは差し替えが可能ですが，12BD6を使用しているセットへ12BA6を差し替えると発振してしまうので注意が必要です．

IFTも使用する球で少し定格が違ったようですが，どれを使ってもほとんど同じように動作します．動作が不安定な場合は，IF増幅管の定数を変更すれば安定します．12BA6を使用する場合は，カソードのバイパス・コンデンサを取り外せば安定に動作します．

• AGC回路

1号機と2号機は，周波数変換にもAGCを掛けて強い信号に対応しています．ST管とMT管の定格はあまり変わらないはずなのに，不思議なことにMT管を使ったセットの方が高感度と感じます．メタル管を使った3号機のAGCはIF増幅のみとしていますが，不都合は感じません．

• 検波と低周波初段増幅

検波管を兼ねているので，カソードを直接アースするセルフバイアス方式で，最も一般的な回路です．この回路は3機とも共通です．プレートに付いている100pFのコンデンサは455kHzの残留分をカットするパスコンで，電力増幅段を安定して動作させます．さらに2段増幅には不要とされているリップル・フィルタを付けています．気にしない場合は，なくても動作します．

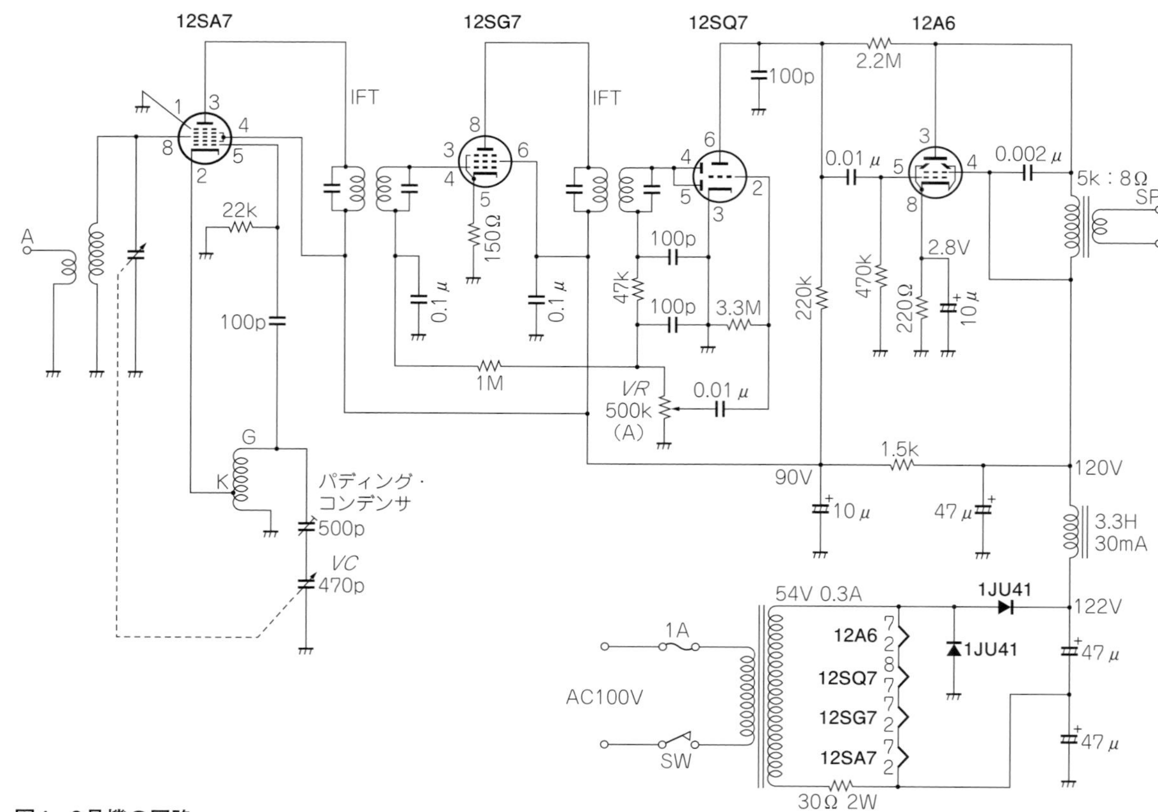

図4　3号機の回路

• **電力増幅**

1号機は30A5をそのまま使用しています．35C5をお持ちの方はトランスのタップ位置を36Vとすれば同じように使えます．出力トランスの1次側にある0.0022μFは，10kHz以上で5極管やビーム管で現れるピークを取り去るため必ず取り付けます．これがないと高域が耳に付き，長時間聞いていると疲れる音となってしまいます．市販されていた5球スーパーには必ず入っていました．

2号機の出力には双3極管を並列接続で使ってみました（p.79，**図3**）．電圧増幅管としては最もパワーの取れる12AU7をパラレルとして使っています．出力は小さいのですが，3極管の音は素直で，長時間聞いていても疲れない音となっています．ただ音量を上げるとパワーが少ないためか嫌味っぽい音となってしまいます．

3号機は12A6を使っています（**図4**）．12.6V 0.15Aのヒータで最大出力3.4Wが得られる優れた真空管ですが，この球のMT管は製造されませんでした．筆者は以前に30本ほど購入し，50MHzの送信機などに使用しています．

• **ネガティブフィードバック（NFB）**

出力管のプレートから前段ドライバ管のプレートへわずかにNFBを掛けています．このNFBは出力管のみに掛かり，抵抗のみで掛けられ，音質が少し柔らかくなります．1～4.7MΩくらいの間で調整し，一番聞きやすい値とすれば良いでしょう．

実装

写真6に実装例として1号機のシャーシ配線を示します．

■ バリコンとコイル

これらはテスタで導通を確認して流用します．短波帯が付いている機種も多くあります．そのような機種では，コイルおよびバンド切り替えスイッチをそのまま外して再利用すれば良いと思います．コイルは各メーカーによって配線などが異なるので，利用するときは注意深くそれを外します．

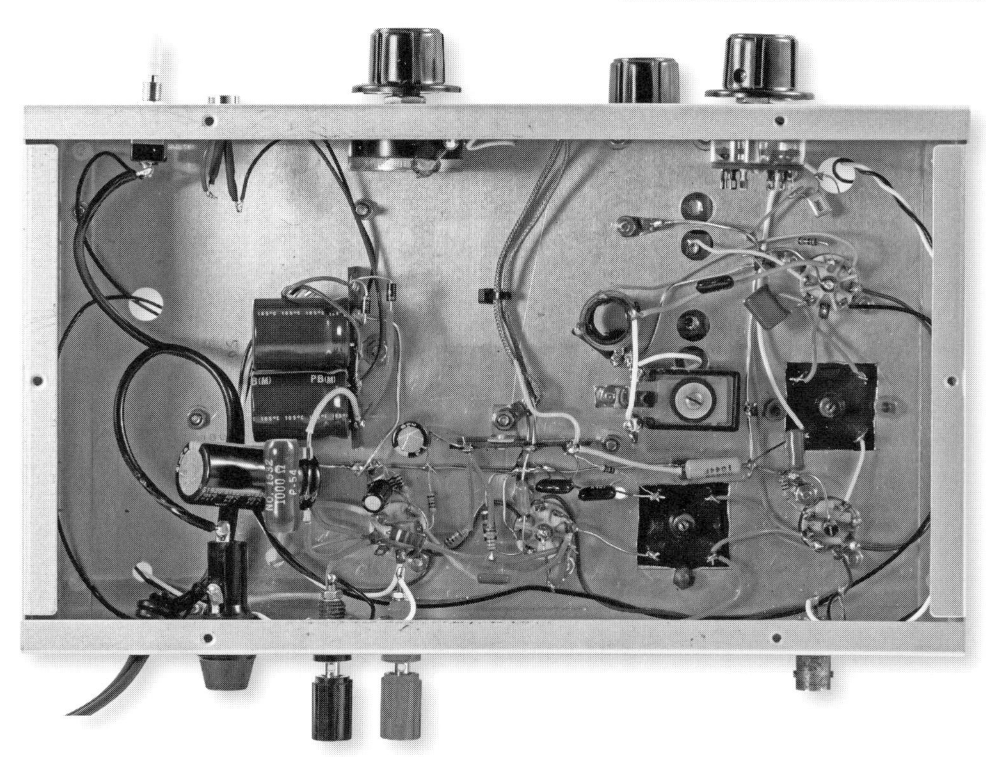

写真6 大きめのケースを使用すると余裕を持った配線ができる

短波帯の受信で，バリコンとダイヤルが直結の場合はバーニャダイヤルなどの減速機構を取り付けると良いでしょう．

■ IFT

IFTではアルミケースを外しての内部確認が必ず必要です．100pFまたは150pFくらいのマイカ・コンデンサや円筒型のチタン酸バリウム・コンデンサなどが内部に付いています．もし錆(さび)などがあれば取り替える必要があります．

この頃の5球スーパーはかなりFBな防湿がされているので大丈夫だと思いますが，念のため確認しましょう．そのままでOKであれば455kHzにほぼ合っているので，微調整で済むでしょう．コンデンサを取り替える時は，NP0(温度係数0)のものを使います．

■ 真空管のソケット

5球スーパーに付いている真空管ソケットはほとんどリベット止めとなっており，外すのに手間が掛かり，その際に壊してしまう恐れもあります．接触不良があるとトラブルシューティングがとても大変なので，7ピンMTソケットは現在でも入手できる新品を使用しましょう．

■ トランスの位置について

出力トランスと電源トランスでは，コイルの軸が合うとハム音が入ることがあります．トランスの配置をするときに，軸をずらすか，向きを直角にするように気を付けます．電源トランスからは結構多めのリケージフラックス(漏洩(ろうえい)磁束)が出るので注意が必要です．同一シャーシ内に電源トランスを配置する場合，磁束がどの方向に出るのかを考えてレイアウトする必要があります．特に小さなシャーシへ詰め込むような場合は要注意です．

■ 可変抵抗

オリジナルの音量調整用500kΩの可変抵抗は，音量を絞りきれないものが多いようです．これは，経年変化で音量を絞った時のアース側の抵抗が数百～数kΩほどとなり，入力インピーダンスが高い12AV6では十分な入力となるためです．

トランスレス型は可変抵抗の軸に触れると感電する危険性があるので，つまみは差し込み型(ロレット型)のものがほとんどです．また可変抵抗自体も

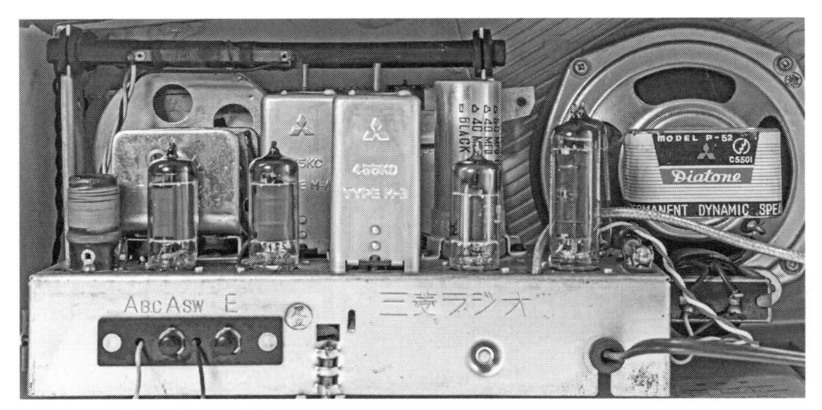

写真7　標準スピーカの例

写真8　木製ケースにφ16cm程度のスピーカを取り付けると長く聞いても疲れない

長軸でなかなか代替品が見つかりません．こうした可変抵抗は取り替えるのが一番良いのですが，電源連動型も多く，同一の物はまずありません．

この対策として，ホットエンド側へ470kΩくらいの抵抗を入れ，接触位置の変更や市販されているコンタクトクリーナーを接点に吹き付けます．こうすると使えることがあります．しかし，われわれはアマチュア無線家なので，可変抵抗1個で悩むより，思い切ってラジオの組み換えはいかがでしょう．自作品で聞くラジオの音色はまた格別です．

■ スピーカ

5球スーパーには10～12cmくらいのスピーカがよく使われていました．これをプラスチックのケースから木製のケースに変えると驚くほど良い音になります．後面開放型のスピーカボックスを日曜大工で作られてはいかがでしょう．

50.6MHz受信機として使ってみる

以前製作したニュービスタ管の50.6⇒1.6MHzコンバータ（**写真7**）を使用して，どのくらいの感度かをテストしてみました．コンバータへSSGから0dB/μVの50%変調の信号を入力すると，*S*/*N* 10dB以上の強度で聞こえました．AMのQSOには十分な感度でしょう．わずかな部品を購入するだけで楽しく受信機の製作ができます．皆さんもチャレンジしてみませんか．

写真9
ニュービスタ管を使用した50.6⇒1.6MHzコンバータ

5-4　7MHz SSB受信機の概要

SSB受信機もAM受信機と原理は同様です．大きな違いは，フィルタと復調そしてAGC回路でしょう．当初は分かりやすいSSB受信機の製作を計画したのですが，製作途中に筆者のこだわりが出てしまい，少し複雑な受信機となりました．参考にできる部分を活用していただければと思います．

SSB/CW受信機とAM受信機との違い

■ キャリアとBFO

SSB/CW受信機の本質はAM受信機と一緒です．しかしSSBにはキャリアがないので（**図1**，**図2**），音声として復調するためにはキャリア信号を加えて検波を行います．この方法は多くありますが，理解しやすいものにBFO（Beat Frequency Oscillator：IF増幅に対して音声周波数との差分周波数を発振させる）があります．

■ 帯域幅

SSBはAM信号の片側の側波帯を使用しているので，AM信号帯域の半分となります（3kHz）．7MHz帯のように隣接して交信が行われる場合はこの帯域幅（選択度）で受信できる必要があり，帯域幅が広いと混信してしまいます．

■ AGC

AMの信号強度＝キャリア信号強度なので，AMのAGCは検波したキャリアで制御できます．キャリアがないSSBの場合は受信信号の積分値からAGC信号を生成します．

本機の概要

ここではQERフィルタを2個使用した，7MHz

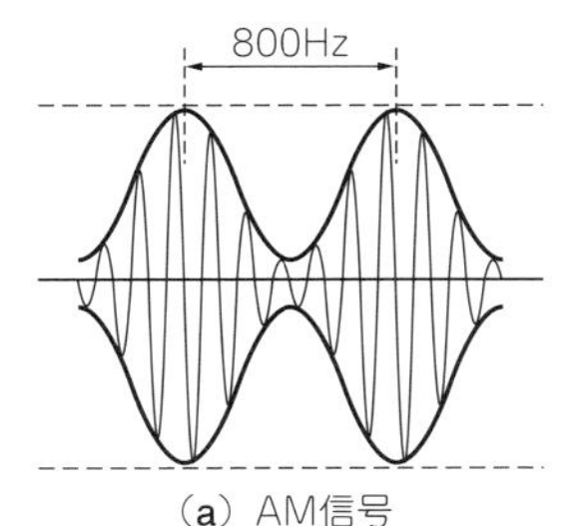

(a) AM信号

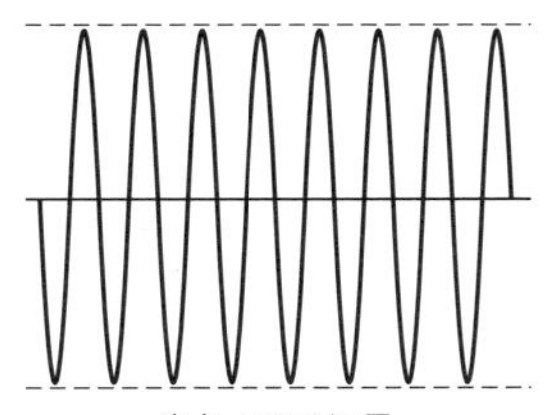
(b) USB信号

図1　800Hzの音声信号の波形イメージ

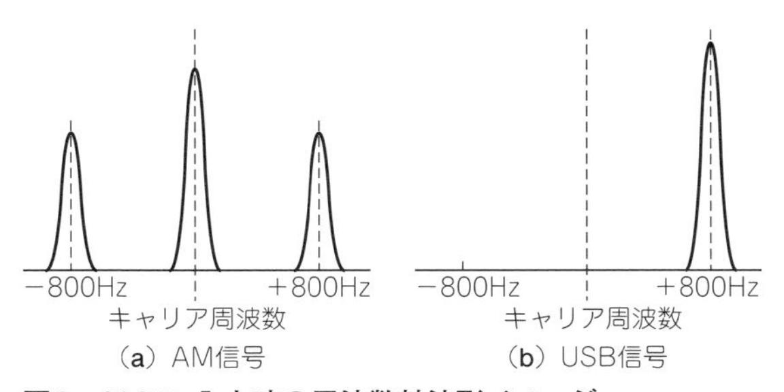

(a) AM信号　(b) USB信号

図2　800Hz入力時の周波数軸波形イメージ

写真1　QERフィルタを活用した7MHz SSB/CW受信機

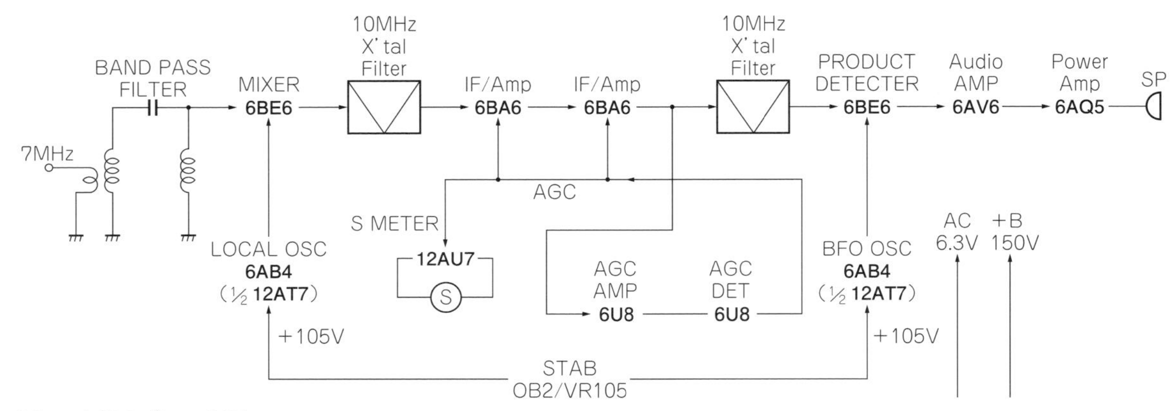

図3　本機のブロック図

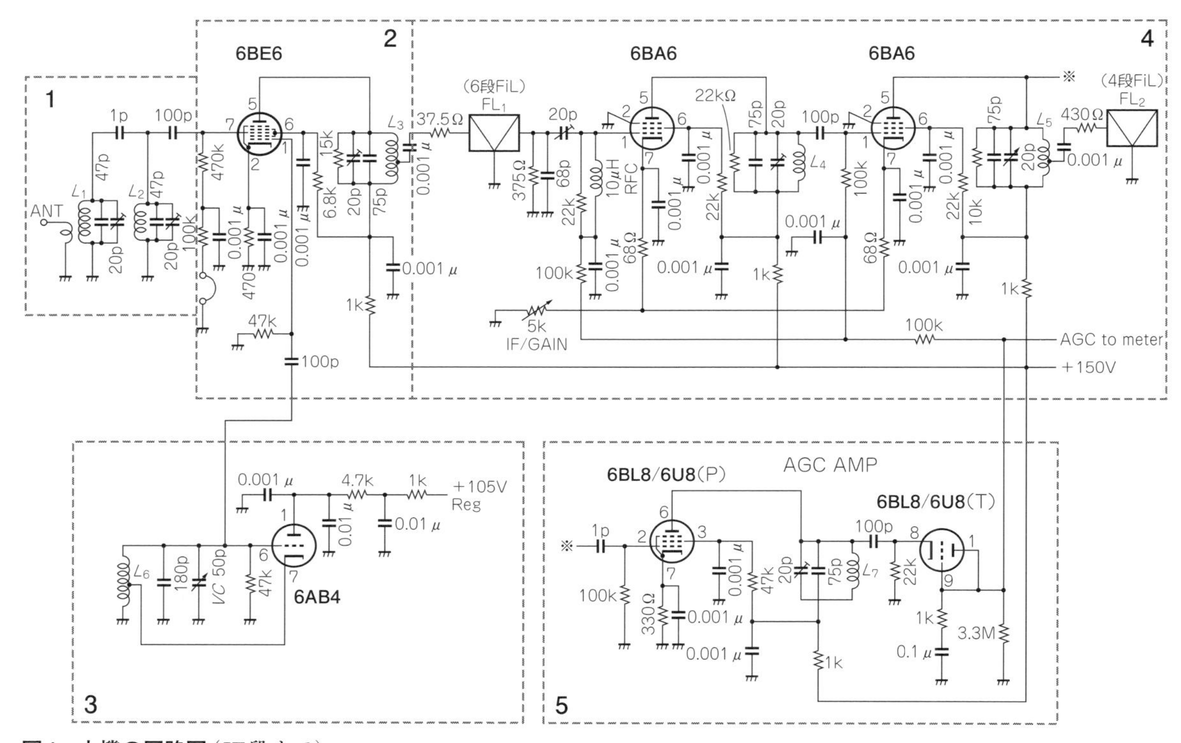

図4　本機の回路図(IF段まで)

SSB/CW受信機を製作しました(p.83，**写真1**)．この受信機でSSB受信機の概要を説明します．**図3**に本機のブロック図，**図4**と**図5**に回路図を示します．

■ 周波数構成

• 局発周波数

安価な水晶振動子が入手できたので，IF周波数は10MHzちょうどとしています．シングルコンバージョン方式の場合は局部発振周波数と受信信号の和または差が10MHzとなれば良いので，局部発振周波数は17MHzか3MHzとなります．本機の局部発振周波数は3MHzとしました．理由は，アナログの自励発振器の場合，17MHzは周波数が高く安定度の点で問題があると考えたからです．3MHzでは何度も製作した実績もあります．

• VFOの「逆」ヘテロダイン

局発周波数が受信周波数より低くかつIF周波数が受信周波数より高い場合は，「逆」ヘテロダインにはなりません．したがってUSBとLSBの関係

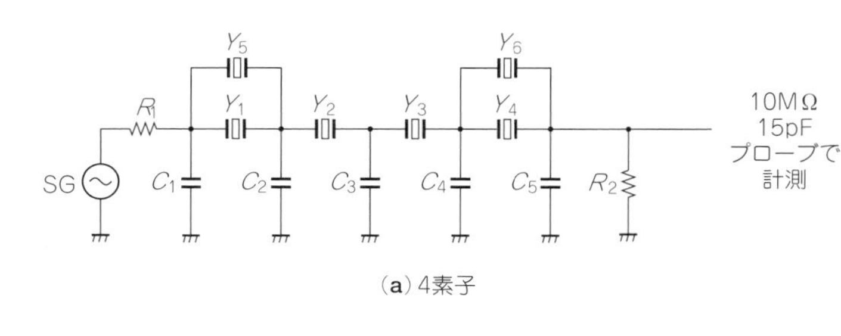

(a) 4素子

回路定数	
帯域共通	R_1, R_2 : 430Ω
	C_1 : 実装しない
	C_5 : 33pF
	Y_1～Y_6 : 10MHz HC-49US水晶
帯域幅5.6kHz	C_2, C_3, C_4 : 22pF
帯域幅2.0kHz	C_2, C_3, C_4 : 68pF

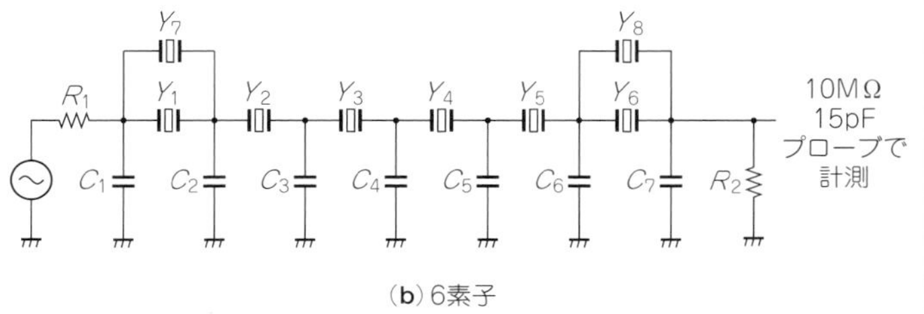

(b) 6素子

回路定数	
帯域共通	R_1, R_2 : 375Ω(750Ωパラ)
	C_1 : 実装しない
	Y_1～Y_6 : 10MHz HC-49US水晶
帯域幅5.6kHz	C_2, C_3, C_4, C_5, C_6 : 22pF
帯域幅2.0kHz	C_2, C_3, C_4, C_5, C_6 : 68pF

- C_1, C_2 は帯域幅を確認して決める．今回の実験ではあまり変化なかった
- 終端抵抗にパラに入るC_7は回路によって調整が必要

図5 QERフィルタの回路図

はそのままです．しかしVFO(選局用の局部発振回路)の発振周波数の高低は逆となります(7.0MHz受信時に3MHzで，7.2MHz受信時に2.8MHzなる)．

- **周波数表示**

本機には付けていませんが，こうした周波数構成の場合は，一般に市販されている周波数カウンタを周波数表示器として使用できません．別冊CQ ham radio QEX Japan No.19 pp.118-127に「逆」ヘテロダインで使用できる周波数カウンタの製作例が掲載されています．

- **入力回路**

IF増幅が10MHzと高いためにイメージ混信は少ないだろうと考え，初段の7MHz同調回路を1段として実験しました．イメージ妨害は少ないのですが，思った以上に直接10MHzが飛び込む，一般的にいう「筒抜け」が発生し，実際にアンテナを接続すると10MHzが受信されてしまいます．考えてみると10MHzは短波帯のど真ん中で，昔はJJYなども出ていたところなので当たり前のことです．

このため同調回路を2段として10MHzの直接混入を防いでいます．これは素晴らしく効き「筒抜け」をほぼ取り除けました(**図4**の1部分)．

混合回路

真空管式受信機では最も一般的な6BE6を使った回路です．局部発振レベルの大小にかかわらず，

表1 本機のコイルデータ

コイル	巻き方
L_1, L_2	T-50#6にϕ0.4mmUEW線を43t(8μH)，リンク1t
L_3, L_5	T-37#6にϕ0.4mmUEW線を29t(2.5μH)，タップはコールドから6t
L_4, L_7, L_8	T-37#6にϕ0.4mmUEW線を27t(10MHz同調，2.5μH)
L_6	T-50#6にϕ0.3mmUEW線を57t(13.6μH)，タップはコールドから5t

意外とアバウトでも動作する優れたミキサです．6BE6が業務用無線機に最後まで使われていた理由は，混変調が少なく使いやすかったからと聞いています．今回は全体のゲインが少なめだったのでミキサへのAGCは掛けません．

本機は水晶フィルタを2つ使用しているためと，IF周波数が高いので，6BA6などの高周波増幅を付けるか，ゲインの高い6BA7やシートビーム管の7360，6AR8などの方が良いのではと思っています(**図4**の2部分)．

局部発振回路

カソード・タップドハートレー回路は必ず発振する素性の良い回路(p.86，**写真2**)で，アマチュア無線用受信機のほとんどが採用していました．

局発用真空管6AB4によるカソード・タップドハートレー回路を使用しました．6AB4はなじみの少ない真空管ですが，オーディオ回路などによく使わ

写真2　本機の選局部分（VFOの周波数調整）

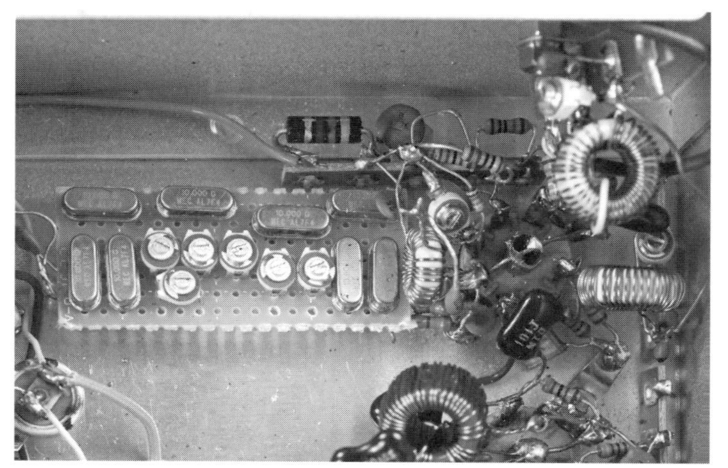

写真3　本機の第1フィルタ

写真4　本機の第2フィルタ

れている12AT7の半分です．元来12AT7は高周波用の真空管で，初期のFM放送の受信機などによく使われていたものです．手持ちがあったので本機は6AB4を使いましたが，12AT7がまったく同一に使えます．局発の強度の調整は発振管のプレートに付いている4.7kΩの抵抗を変更すれば良いでしょう（p.84，**図4**の3部分）．

- **コイル**

L_6はT-50#2 2個を瞬間接着剤を使って貼り合わせ，所定のインダクタンスを得ました（コアの片面の2カ所に，接着剤をほんの一滴ずつ付けるだけで強固に接着する）．実際に運用して最適な値にチューニングしたところ，シングル・バリコンで十分な特性となりました．

このコイルデータを**表1**（p.85）に示します．トロイダル・コアは**表1**のものを用意し，巻き線にはφ0.4mmUEW線を使用します．これでほとんど局発周波数は動きません．もし気になる場合は，同調用コンデンサをマイナス温度係数を持ったセラミック・コンデンサやスチロールコンデンサなどに変更すれば良いでしょう．

■ 水晶フィルタとIF増幅

ミキサのすぐ後に第1フィルタとして6ポール（**写真3**），検波段の前には第2フィルタとして4ポールのQERフィルタを使いました（**写真4**と**図4**の4部分，p.85，**図5**）．

- **水晶フィルタの段間結合**

前段との結合はコイルのタップと抵抗を使いました．最初はコイルのタップのみでやってみたのですが，なかなか良い特性とならず，結局ロスを承知で直列に抵抗を入れています．

水晶フィルタの出力側の負荷は，計算された抵抗値とLCによるステップアップを行い，次段のグリッドへ信号を導いています．真空管のグリッド側はインピーダンスが高いので20pFのトリマと10μHのコイル（RFC）によってマッチングを取っています．

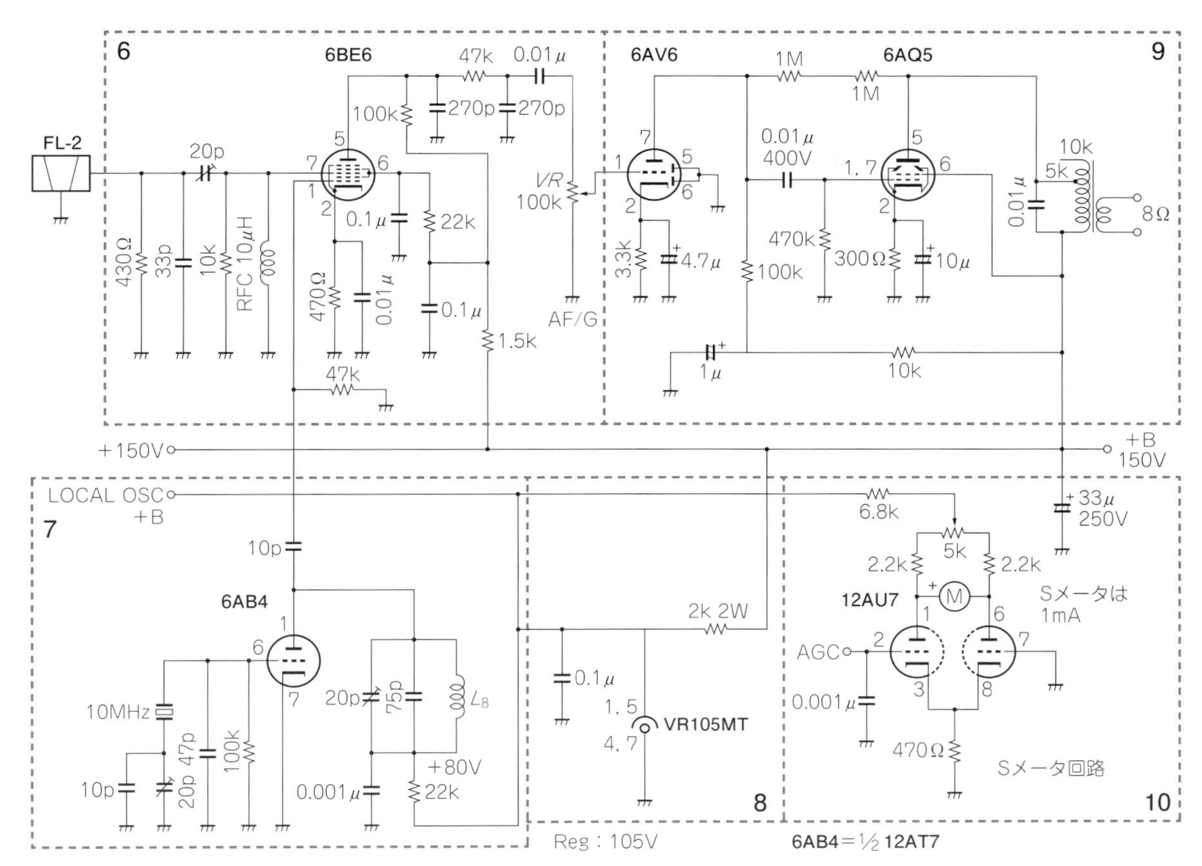

図6 本機の回路図（IF段以降）

• **IF増幅**

IF増幅には一番なじみの深い6BA6を使っています．IF周波数が10MHzと高いので，カソード抵抗を低くし真空管のG_mを上げてゲインを稼いでいます．本来なら6BA6 2本の間の中間周波トランスはアルミケースに入った10.7MHz FM用IFTを使えば良いのですが，トロイダル・コア1個で製作したところ，他との結合もなく安定に動作したのでシールド・ケースへは入れてありません．

• **第2フィルタ**

455kHzのIF回路ではIFTの帯域幅が一般用で10kHz，通信用で6kHzと帯域が狭いために問題がないのですが，IF周波数が10MHzと高く，IFTでの選択度は望めません．また6BA6の出力を見ると広帯域ノイズが多く見られます．何せ6BA6の2段でゲインが70dB以上取れるので，必然的にノイズも増えることになります．

そこで出力には4段のQERフィルタを入れています．このフィルタは大変有効で中間周波増幅段の広帯域ノイズを減少してくれます．もちろん通過帯域内にフィルタが複数入るので，少々音質の変化はありますが，雑音の少なさとフィルタの切れの良さを筆者はとりました．

QERフィルタは実際に使用しても本当に優れたフィルタです．まだまだ使用例が少ないようですが，ネットワーク・アナライザなどの高度な測定器がなくても製作が可能です．ぜひ皆さまも挑戦してみてください．

AGC回路

AGC信号は，中間周波増幅2段目の6BA6のプレートからコンデンサでIF信号を検出し，複合管6U8の5極部で増幅します．同管の3極部を2極管接続で検波しAGC電圧を生成しています（p.84，**図4**の5部分）．この6U8はコリンズのKWM-2にも使われている名球で，主にテレビの中間周波増幅やチューナ回路，同期分離回路などに多用された真空管です．

筆者はSSB受信機を製作すると，いつもAGC回路で頭を悩ませられます．それはBFOからのわずかの漏れ信号によってAGC電圧が変化するためです．この受信機も作り方が悪かったのか，日によってAGC特性がわずかに変化してしまいます．IF周波数が高いと特に難しく感じます．やはり基本に立ち返り，各回路のシールドなどの対策の必要性を感じます．

■ プロダクト検波回路

6BE6を使ったプロダクト検波回路です．これは一般的なものですが，入力回路の水晶フィルタとのマッチングをするためにコイルやトリマが付いています（p.87，**図6**の6部分）．6BE6のプロダクト検波回路は素晴らしい特性を示し，奇麗にSSB信号を復調してくれます．大先輩のJA1FG 梶井OMも大変良いと解説されていました．

プロダクト検波にはTV音声復調用のロックドオシレータ管6DT6も使えます．さらに使える球には6HZ6，6GX6，6BY6があります．

■ BFO回路

水晶発振子がHC-49/U-S型と小型なので，大電力で励振すると水晶が破壊されてしまいます．そのためBFO発振回路は6AB4（12AT7の1/2）を使ったグリッドカソード回路を使っています．これは真空管回路としては比較的励振電力の少ない発振回路です（**図6**の7部分）．

HC-49/U-S型水晶は発振すれば大変安定です．もちろん周波数の安定度に関するコンデンサはNP0（温度係数ゼロ）のものを使うなどの注意が必要です．

■ 定電圧回路

SSB信号を受信していると，AGCの動作で中間周波増幅回路に流れる電流が変化しB電圧が変動します．電源のAC100Vも意外と変動するので，その対策にOB2/VR105を使用して，局部発振回路およびBFOの周波数変動を防いでいます（**図6**の8部分）．

■ 低周波増幅

音声信号の低周波増幅回路は6AV6と6AQ5の2段増幅です．6BM8や6GW8などの複合管を使えば1本でOKとなりますが，シャーシに余裕があったので個別の真空管で対応しています（**図6**の9部分）．

6AV6はカソードバイアス型の標準的使い方です．出力管に6AQ5を使っていますが，手持ちの関係です．6AR5もカソードバイアス抵抗を変更するのみで使用できます．6AQ5はくせのある真空管で出力トランスとの組み合わせでは，10kHz以上でピークが出ることもあります．そのため2MΩの抵抗でフィードバックをかけて，特性をフラットに保っています．

6AR5の場合は，フィードバックをかけなくてもフラットな特性になります．出力トランスに付いている0.01μFのコンデンサは高域を減衰するためのもので，この値を変化することにより高音の出方が変化します．これがないと高音が強調されるため頭の痛くなる音となってしまいます．

■ Sメータ

やはりSが読めた方が，受信機として使いやすいと思います．手持ちのSメータが1mAのものしかなく，仕方なく12AU7を使った差動増幅器を付けました（**図6**の10部分）．ここは真空管にこだわらずOPアンプを使えば簡単に安定に動作します．真空管は直流増幅が苦手です．差動増幅も2本の真空管のエミッションがそろわないとヌル点（増幅の基準点）になりません．

■ 自作と真空管

真空管を使っても十分にアマチュア無線が楽しめます．真空管や他のパーツは，まだまだインターネットなどでたくさん販売されています．そして筆者が無線を始めた55年前からこれらの値段はほとんど変化していません．むしろ安くなっているのではと思います．一部の入手困難な部品もありますが工夫次第で入手できると思います．

現在の機器はブラックボックス化が著しく，われわれでは手も足も出ません．しかし真空管やトランジスタの回路は私たちでも理解できるところがあります．さらにプリミティブ（基本的）な回路を学べるのが真空管によるディスクリート回路なのです．プリミティブな回路を理解するとその応用範囲はとても幅広くなり，アマチュア無線をより深く楽しめます．

第6章 送信機

6-1 7MHz CW QRP送信機とIC変調器

QRP送信機を作ってみよう

ここでは7MHz用の単球と2球のシンプルな水晶振動子を使ったCW送信機を製作してみます．送信周波数は水晶振動子の1波固定で，変調器と組み合わせるとAM送信機としても使えます．現在はデジタル式のVFOなどの良いものが多く市販されていますが，まずはシンプルな水晶振動子を使ったもので製作することをお勧めします．

■ 7MHz用の6U8単球送信機

米国のARRLハンドブックなどでは，昔から6V6などの真空管１本の回路が初心者向けとして提示されてきました．現在の日本では1球（発振管＝出力管）による送信機は免許されないようです．そこで実際のオン・エアを考えて，２ステージ（発振段と電力増幅段）の回路で考えてみました［**写真1**，**図1**（p.90）］．

複合管を使うと真空管の数は1本ですみます．しかし３極管を出力に使うと7MHzといえども中和が必要となります．できるだけ簡単に製作するために今回は5極管を使うことにします．そこで複合管として有名な6U8/6EA8を使ってみました．

シャーシは筆者が50MHzのテスト用に製作したものを流用したため，貫通コンデンサなどが多用されています（p.90，**写真2**）．実際に製作する場合は，L型ラグと0.001μFセラミック・コンデンサでも十分な動作をします．シャーシはリードの小型品で，S-10（120×40×90）とS-11（100×40×90）は板厚0.8mmと工作には最適です．電鍵は終

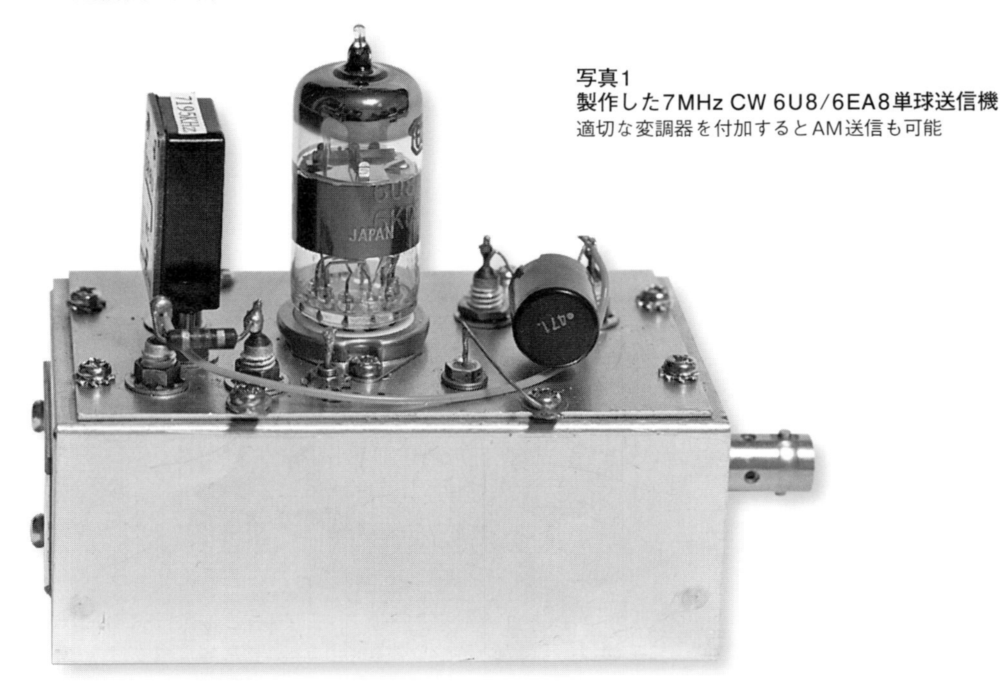

写真1
製作した7MHz CW 6U8/6EA8単球送信機
適切な変調器を付加するとAM送信も可能

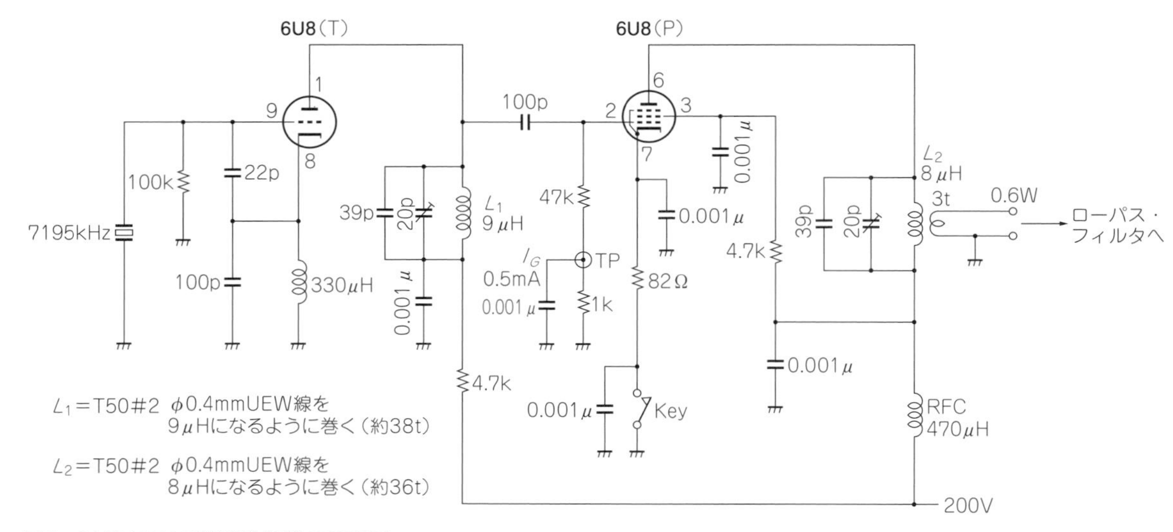

図1　6U8/6EA8単球送信機の回路図

写真2　6U8/6EA8単球送信機のシャーシ裏面

写真3　左からFT-243のケースにHC-49U型水晶振動子を入れたもの，FT-243水晶振動子，FT-241水晶振動子

段管のカソードを断続するように接続します．

■ 真空管の発振回路

本機は水晶振動子に優しい回路のグリッドプレート回路を用いました．筆者はときどき，HC-18/UやHC-49/U型を昔のFT-243またはFT-241型の水晶の不良品の中に入れて使っています(**写真3**)．双方とも差し替え可能なため大変便利です．FT-241型はFT-243より外径がほんのわずか大きな水晶で，FT-

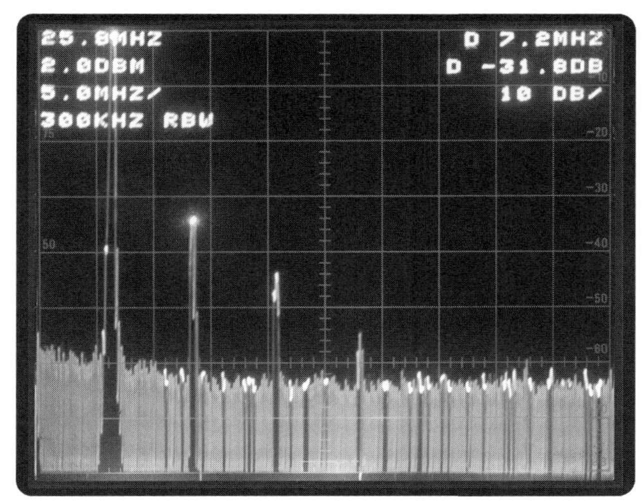

(a) フィルタ装着前は14MHzが約－35dBc

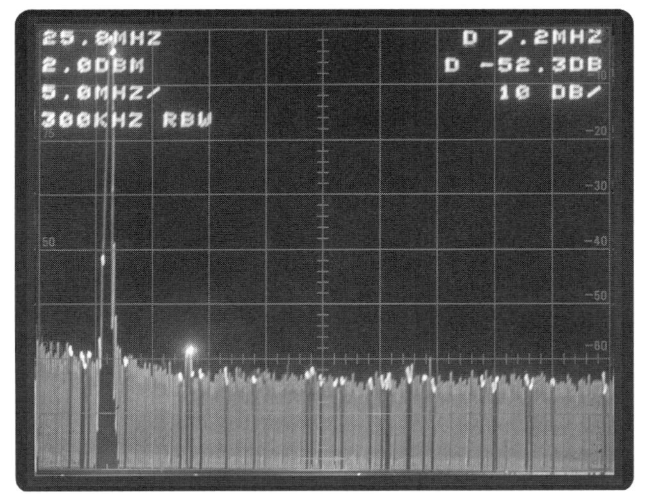

(b) フィルタ装着で約－52dBc

写真4　スプリアスの実測値

243と差し替え可能です．FT-243やFT-241の水晶で不良品や使いにくい周波数のものが市場に多く見受けられます．このようなものを利用すれば良いでしょう．

電力増幅

6U8の電力増幅段はプレート電圧250Vで1.1Wのパワーが得られます．しかしプレート電流11mA/スクリーン・グリッド電流が4mAで定格を少しオーバーしてしまいます．BOONTONの出力計にアッテネータを入れて測ってみました．200Vでは0.6Wの出力です．プレート電圧を250Vとすれば1.1W出ます．プレート効率を見ると，このときの入力電力は2.75Wで出力は1.1Wとなり，効率は約40%です．

やはりこの小さな6U8/6EA8はプレート電圧を200Vぐらいで使うのが良いでしょう．真空管を痛めないため0.6Wの出力ですが，CW送信機としては十分な動作をします．

• 段間結合

電力増幅段の同調に小型の小容量トリマを使いたかったため，出力段とはリンク結合となっています．リンクコイルには0.2sqのテフロン線を3回巻いてあります．ϕ0.8mmのスズ・メッキ線にエンパイヤチューブまたはテフロンチューブをかぶせたものでも同様に使用できます．6U8(p)のグリッドへは0.5mAのグリッド電流が流れCクラス動作をしています．

使用するコイル

真空管を使った送信機で入手しにくい部品はやはりコイルでしょう．しかし現代の部品も十分に使用できます．使っているコイルはアミドン社のトロイダル・コアと高周波チョーク・コイル(RFC)です．これには秋月電子通商で販売している470μHや1mHのRFCを使っています．直径約13mmの小さなコイルなのでどこへでも取り付けられます．

発振管のカソードに付いているRFCは小型の330μHを使っています．ここはカソード電流が数mAしか流れないので，こうした小型のものでも十分使えます．また，トロイダル・コアを使うとシールド板などを省略でき，シールド板がなければ工作が簡単になって完成品も小さくなります．インダクタンスの測定には秋月電子通商で販売しているLCRメータ DE-5000がお勧めです．

使用する電源

200V 50mAくらいの電源であれば，何でも使えるでしょう．

フィルタ

スペクトラム・アナライザで見ると，スプリアスの第2高調波の14MHzのキャリアは7MHzの基本波比で約−35dBcです(**写真4**)．2017年の11月

写真5　製作した7MHzのLPF

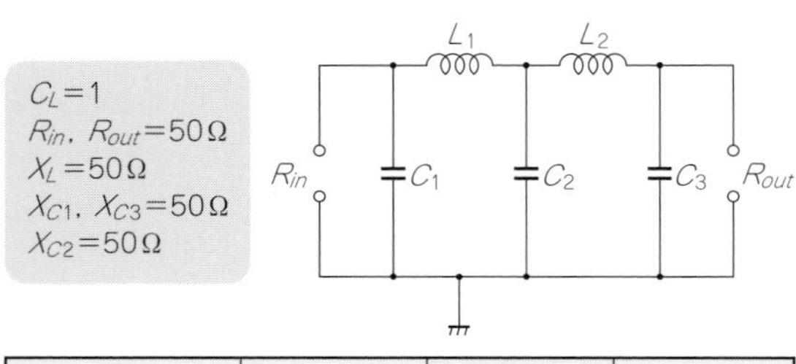

BAND (METERS)	L_1, L_2 (μH)	C_1, C_3 (pF)	C_2 (pF)
160	3.98	1592	3184
80(cw)	2.15	860	1721
75(phone)	1.99	796	1592
40	1.09	436	872
20	0.55	221	443
15	0.372	149	298
10	0.268	107	214
6	0.157	63	126

図2　LPFの回路
ARRL Electronics Data Bookより引用

まではこれでOKでした．しかし，新スプリアス規格では1W以下の場合は50μW以下となり，1Wで−43dBc（1Wを超えると−50dBc）が要求されています．これには5ポールのローパス・フィルタを外付けして対応することにしました（**写真5**）．

フィルタはARRL Electronics Data Book掲載のデータを参考としました（**図2**）．このフィルタは，同じように作れば必ずFBな特性となる優れものです．コイルのコアにはアミドン社のトロイダル・コアを使います．

アミドン社T/FT/FBシリーズの取扱説明書に詳しく書かれていますが，共振回路などのQを必要とする回路の場合はコアの外径寸法（インチ）÷2（W），広帯域バランやパイ形フィルタなどの回路の場合はコア外径寸法×5（W）となっています．今回使ったT-68#6はローパス・フィルタとしては68×5＝340Wまで使えることになります．

■ 調 整

6U8（T）のグリッドに接続されている22pFの容量を変えるか，水晶振動子へ直列にトリマ・コンデンサを入れることにより周波数調整ができます．発振段と出力段は20pFのトリマと39pFの固定コンデンサで同調をとっています．出力側も同一の回路で同調をとっています．

耐電圧の低いトリマを使うときの注意は必ずコイルの両端に付けることです．昔の送信機のようにプレートとアース間にトリマを接続すると耐電圧が不足して壊してしまいます．この20pFのトリマ（パナソニック製）は現在でも秋葉原ラジオデパート3Fの斉藤電気商会で販売されています（2022年1月現在）．

12BY7Aを使用した2球 2W送信機

2球送信機も作ってみました．これはJA1FG 梶井OM（SK）の文献[1]に掲載されていた回路を参考としました．文献では6BD6（水晶発振）⇒6CL6（励振逓倍）⇒807（電力増幅）となっています．本機では807を除く前段2段の部分を使わせていただきました．発振管の原型は6BD6ですが，現在は6BA6の方が容易に入手できるのでこれを使いました．

■ 構 成

6BA6を使ったグリッドプレート発振回路と電力増幅段に12BY7Aを使用しました［**写真6**，**写真7**，**図3**（p.94）］．これはFT-101やTS-520などのトランシーバのドライバ管としても有名です．

この回路が優れているのは，12BY7Aのスクリ

写真6
7MHz 2球送信機

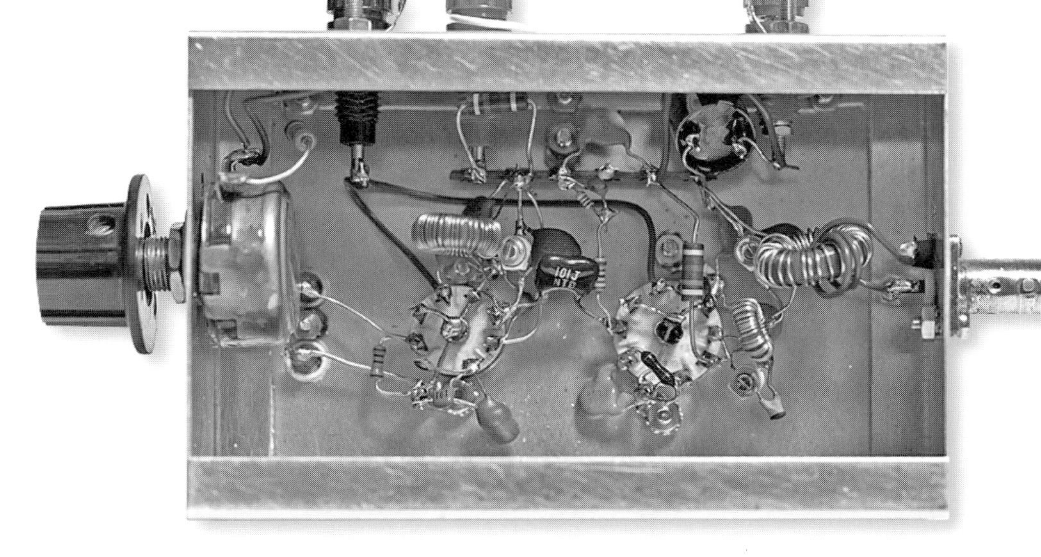

写真7
7MHz 2球送信機のシャーシ（裏面）

ーン・グリッドの電圧を変化させて出力をコントロールしている点です．筆者が高校生のときはこの回路がよく分からず，807へグリッド電流を10mAも流して壊してしまいました．C級動作の終段管をオーバードライブさせてはいけません．高調波の輻射が多くなり，当時はTV1の元凶となっていました．今考えると怖いもの知らずの高校生でした．

同調回路は単球と同じです．トリマ・コンデンサやコイルも同一のものを使っています．出力管の12BY7Aでプレート電圧200Vの出力約2Wが得られ，目標の1Wの倍となり，余裕でクリアです．スクリーン・グリッド電圧を調整して出力を調整しますが，本機に変調を掛けるときは単純なプレート変調とします．

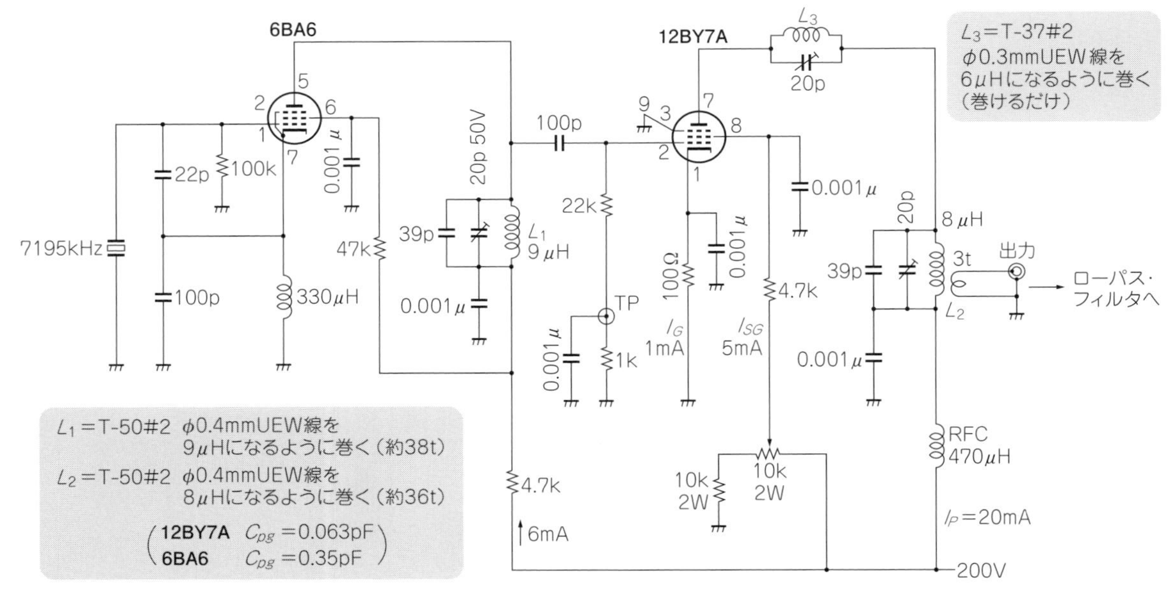

図3　7MHz 2球送信機の回路図

■ カソードバイアス抵抗

この100Ωの抵抗は，ドライブ電力が途切れた時に12BY7Aのプレート電流が暴走するのを防ぐものです．TX-88Aなどの送信機には必ず付いていました．

グリッド回路の抵抗へ電流を流すことによって発生する電圧がCクラスのバイアス電圧となります．入力信号がなくなるとグリッド電圧が0Vとなり，プレート電流が無制限に流れて真空管を壊すことを防ぐものです．このカソード抵抗により真空管の定格内に電流を保ちます．

これをショートすると出力は少し増えます(2W⇒2.15W)．しかし付けておいた方が安全でしょう．前述のように，高校生だった頃の筆者はこの抵抗を知らず，出力管の807のプレートを真っ赤にして球を壊した記憶があります．

■ 12BY7Aの利点

プレートとコントロール・グリッド間の容量(C_{pg})が多いと，出力の一部がフィードバックされて発振が起きてしまいます．安価で入手しやすかったからか，入門用送信機の出力管には6AQ5や6AR5などのオーディオ用真空管がよく使われました．6AQ5や6AR5を実際に使ってみると，7MHzではC_{pg}が多くすぐに発振してしまう使いにくいものです．TRIO TX-88Aが6AQ5を使いこなしていたのは大変素晴らしいことだったと思います．なおTX-88Aの改良型のTX-88Dのドライバは12BY7Aとなっています．

また，6CL6や12BY7Aはもともとテレビの映像増幅用として開発されているので，6AQ5と12BY7AのC_{pg}は6.3倍も違います．オーディオ管よりビデオ増幅管の方が使いやすいでしょう．

■ スプリアス対策

この送信機のままでは第2高調波が−35dBであまり良くありません．**写真5**(p.92)のローパス・フィルタなら−52dBで新スプリアス規格はクリアできます．

第2高調波のみが強いので，ここへトラップを入れれば良いとプレート回路トラップを挿入しました．これが素晴らしい効きで，第2高調波はスペクトラム・アナライザでも確認できません．こうしたシンプルな送信機ではスプリアスとして輻射されるのはほとんど高調波なので，規定の範囲内に収められます．

組み立てキットを活用した変調器

■ プレート変調とは

これは，単純に終段管のプレートに印加されるプレート電圧を音声信号によって変化させることで

MIC → マイク・アンプ → ボリューム → ローパス・フィルタ → パワー・アンプ → 4～8Ω → インピーダンス・マッチング・トランス → 送信機へ

図4 本変調器のブロック図

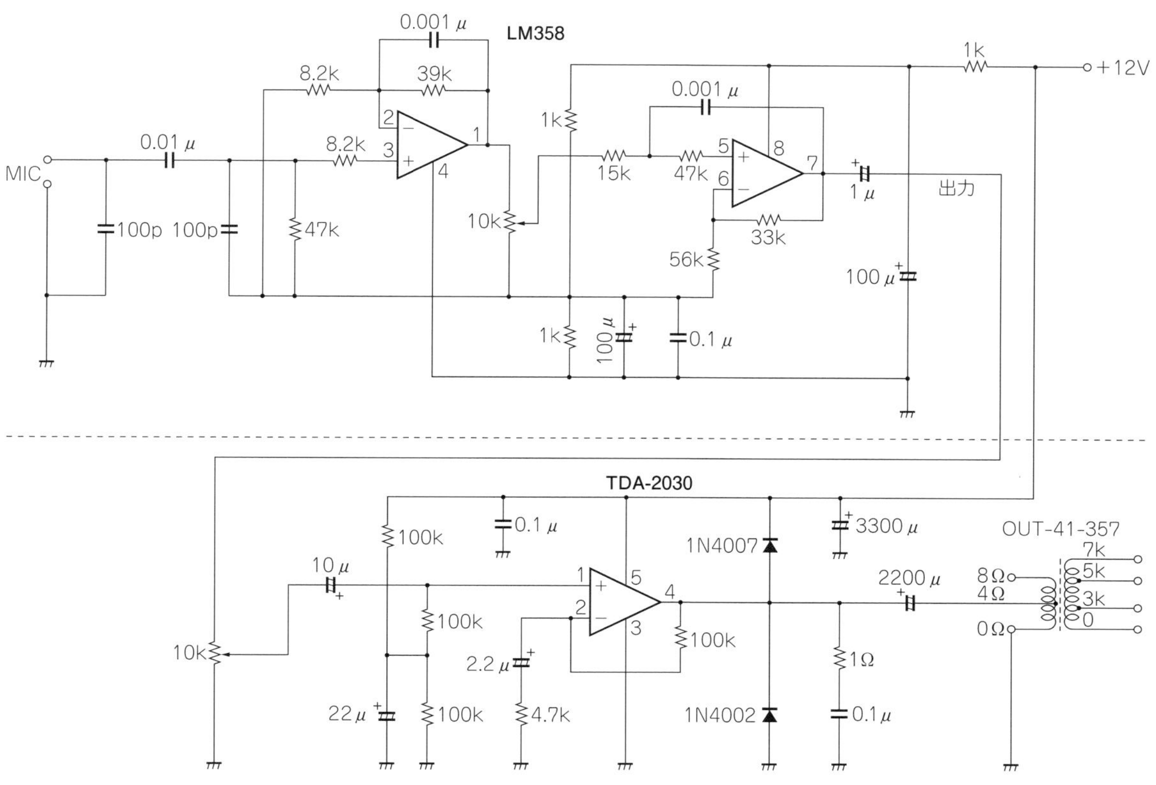

図5 本変調器の回路図

送信電力を変化させます．これには搬送波の出力と同等の音声出力でプレート電圧を変化させる必要があります．終段管のプレート回路と音声出力回路との結合にはトランス（変調トランスと呼ばれる）が使われ，音声増幅回路と変調トランスを含めて変調器と呼ばれます．

例えば200Vのプレート電圧を100%変調で変化させると，音声信号の＋ピーク時には400Vになり，－ピークでは0Vになります．もちろんこの状態は，出力が0となり送信信号がコントロールされたことになります．プレート電圧の変化で終段管の動作状態は結構変化します．アマチュア的な方法として，少し電力の大きな変調器を使うとマッチングのズレがあってもプレート電圧が変化すれば問題なく動作します．

もちろんリニアリティなどの問題はいろいろありますが．しかしプレート回路は供給電圧に対しての反応が良いし，発振などのトラブルが少なかったので，AM時代の変調器として多用されたと思っています．

■ 安価なキットを変調器に

本節の２球送信機をAM送信機にしてみました．変調器のブロックを**図4**に，回路を**図5**に示します．これらの回路と変調トランス（OUT-41-357）は，180×65mmの「コの字型のアルミ板」に組み込んであります（p.96，**写真8**）．シャーシなどに組み込めばよりFBだと思います．

この変調器には秋月電子通商の「TDA2030使用アンプキット」（通販コードK-12338）を使用しました（p.96，**写真9**）．これは基板と部品が入って750円と格安です（2022年1月現在）．説明書も同梱されているので，皆さんでしたら1時間程度で組

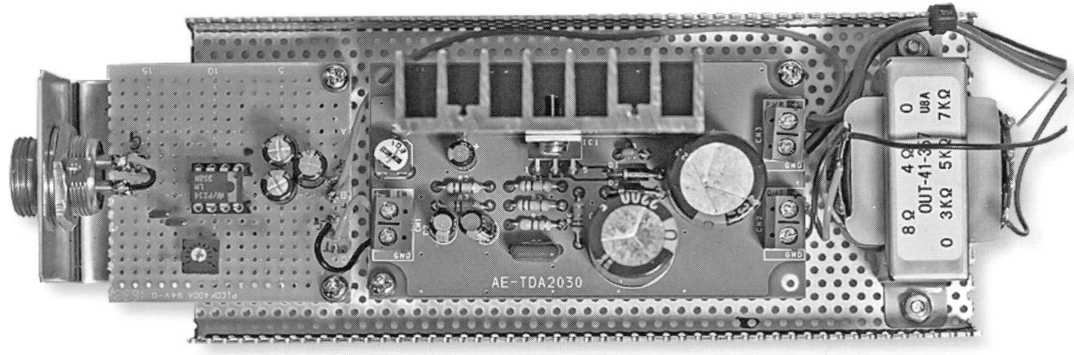

写真8　本変調器の外観

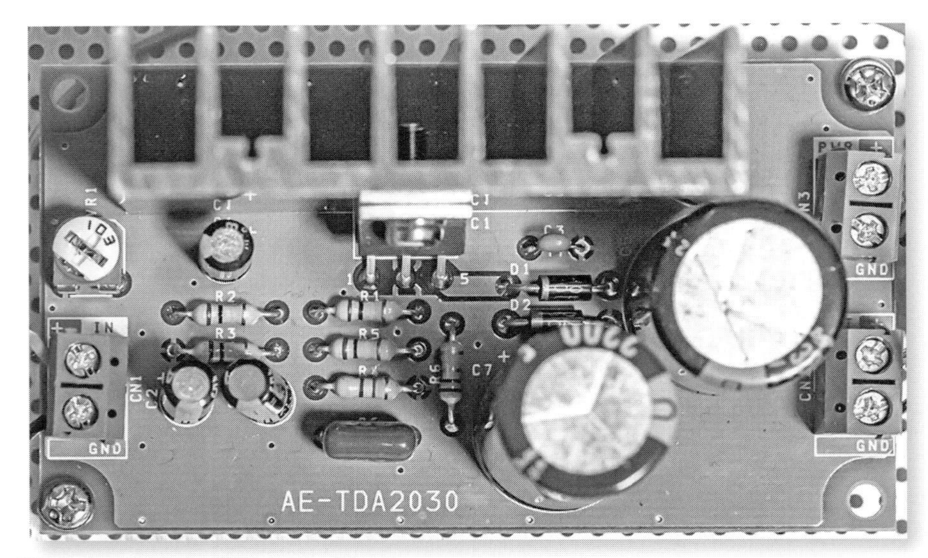

写真9　使用した10Wのオーディオアンプキット

み立てられると思います．出力が10W（24V時）もあって，余裕で100%変調ができます．

■ マイクアンプ

TDA2030は大変良いICですが，マイクロホン入力には少しゲインが足りません．マイクアンプとして，OPアンプを使った3kHzの音声帯域ローパス・フィルタを一緒に組み込みました．秋月電子通商の「高感度マイクアンプキット」（通販コードK-05757）などに3kHzのローパス・フィルタを組み込んでも使えます．

このマイクアンプは一般用OPアンプです．もちろんオーディオ回路用のNE5532やOPA2604，NJM4580なども良いのですが，マイクアンプは3kHz以下の帯域しか必要ないので安価なLM358を使いました（マイクはダイナミック型を使用）．

• 3kHzのローパス・フィルタ

初めは2SC1815による1段増幅を検討したのですが，音声帯域がAMで6kHzとなっています．この対応に3kHzのローパス・フィルタを実装するため，OPアンプを使った回路となりました．この定数はナショナルセミコンダクターのデータシートに基づいていますが，OPアンプのフィルタ回路はWebサイトに多く掲載されているのでそれらを利用するのも良いでしょう．

■ トランスと送信機の接続

1次側を終段管のコントロールに使います．1次側にはプレート電流（200V/30mA程度）が流れます．これを送信機のB＋電源入力と200V電源に接続し，トランスの2次側は低周波電力出力に接続します．低周波電力がない場合は無変調のキャリアが

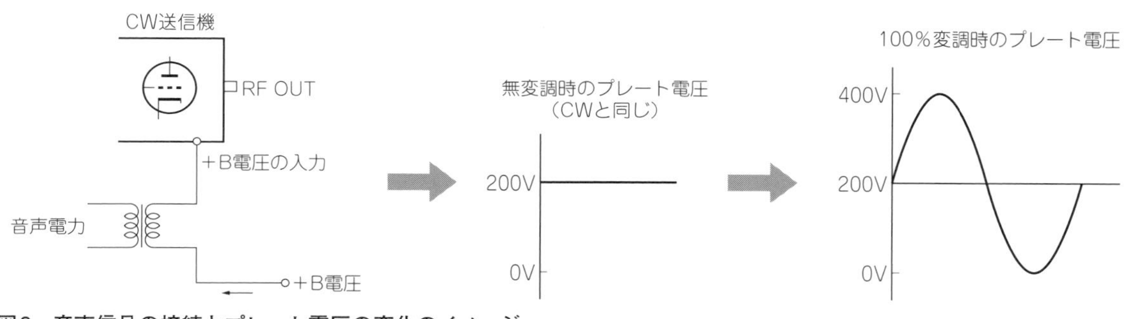

図6　音声信号の接続とプレート電圧の変化のイメージ

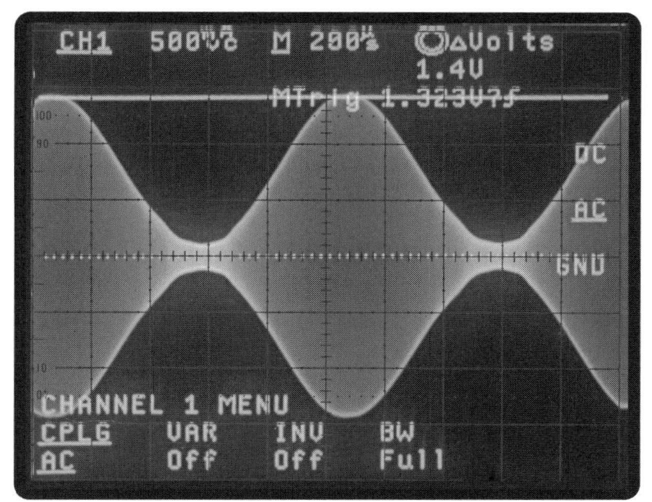

写真10　歪みのない変調は帯域も広がることはない
ピーク電圧は無変調時の2倍となり電力は4倍となる

出力されます．タップの位置は，終段の真空管のプレート電圧やプレート電流から計算で求めれば良いのですが，今回はオシロスコープを見ながら最も変調が深く掛かるタップに接続しました．過変調がない限り終段変調の近接スプリアスはほとんどなく，音声信号のみが変調されます（**写真10**）．低周波増幅回路ですから変調器の回路も問題なく動作すると思います．

回路の定数を決める場合，筆者は組み上げてからネットワークアナライザで特性を確認し，最終的に定数を決めるという方法でやっています．

■ 調 整

最終的な調整として，変調波形をオシロスコープで確認する必要があります．**写真10**のような波形に調整します．変調が100％を超えるとスプラッターが出て近くの局に迷惑ですし，変調が浅いと受信側での再生音が小さくなってQRKが悪くなります．

AMでの運用はこのあたりの調整が楽しいのだと思います．

参考文献

(1) 梶井 謙一，送信機の設計と製作，CQ ham radio 1964年12月号臨時増刊，CQ出版社

Column ❶ マジックアイ

マジックアイは日本では“同調表示管”と呼ばれ，AGC電圧を検知して同調すると蛍光面全体が光り（**写真A**），離調すると扇形に蛍光しない面が出るというものです（**写真B**）．マジックアイがあると簡単に同調点に合わせられるので，1950年代の高級ラジオで多く用いられました．

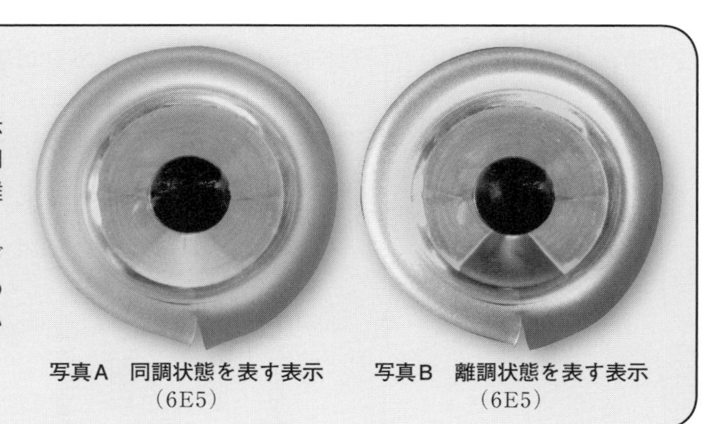

写真A　同調状態を表す表示（6E5）

写真B　離調状態を表す表示（6E5）

単球50MHz送信機と6AQ5ハイシング変調器

見通しが良ければ，50MHzは0.5Wでも100kmを超える距離の局とのQSOが可能です．またEスポが発生すれば遠くの局とのQSOも期待できます．本節は変調器を含めてたったの3球ですから製作に挑戦してみませんか？

■ VHF帯も自作は可能

筆者のローカル地域クラブの会報に「自作ができなくなるアマチュア無線」と題した記事が掲載されていました．これは誤った情報で，昔と変わらず今でも送信機の自作は可能です．現在は新規の無線局免許は新スプリアス規格に合致していないと下りません．30MHzを超えるVHF帯ではHF帯より厳しい規格となります．

自作機も新スプリアス規格で設計（ストレート送信機なら3段以上のLPFなど）されていることが前提で，送信機の自作が多少面倒になったのは事実でしょう．しかし，今まで培った技術を用いれば乗り越えることは可能です．またJARDやTSSの保証認定においては，自作機（製品やキットの改造は含まれない）にスプリアス測定データの添付は必須ではないようです．

30MHzを超える新スプリアス規格

30～440MHzの周波数帯域の新スプリアス規格のポイントは，1W越え50W以下の場合は「無変調時の帯域外輻射」が60dBcで，「変調時のスプリアス領域」で60dBcとなることです．1W以下の場合はHF帯と変わりません（CQ ham radio 2017年4月号，pp.74-79を参照）．しかし越えられない壁ではありません．

球を使った自作送信機でも十分にON AIRすることができます．今回製作する50MHz 0.5W送信機は発振回路⇒電力増幅の2ステージで周波数変換がないため，帯域外輻射はほとんどなく（過変調時を除く），スプリアス領域をフィルタで50μW以下に抑えることは十分に可能です．

■ 逓倍とオーバートーン

以前の50MHz送信機は8MHz台の水晶振動子を使って発振させ，逓倍回路を通して50MHzとして，出力用の真空管をドライブしていました．筆者は8.4MHzを6逓倍した50.4MHzの1波でしばらく楽しんでいました．

アマチュア無線の黎明期（れいめいき）に日米間の50MHz 1st QSOを成功された，JA1AUH 後藤OM（SK）が使っていた逓倍用のFT243型水晶振動子を参考として示します（**写真1**）．オーバートーン発振回路は水晶振動子の整数倍の周波数で発振させる回路です．逓倍回路は低調波の抑圧が大変なので，オーバートーン発振の方が50MHzの周波数を簡単に得られます．

■ 使用する6U8A

この球はテレビ・チューナ（VHF帯）の局発と混合用として開発されたものです．また40MHz帯の映像信号の中間周波増幅にも使われ，さらに低周波まで幅広く利用できます．これは9ピンのMT管

写真1
6逓倍で使用された水晶振動子の例

（a）外観

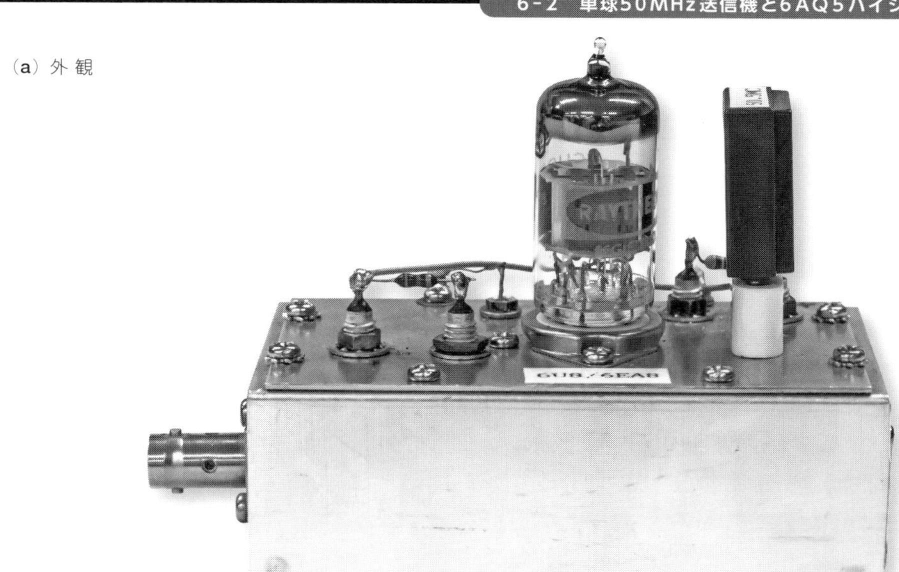

（b）シャーシ裏面の部品実装

写真2　50MHz 0.5W 単球送信機

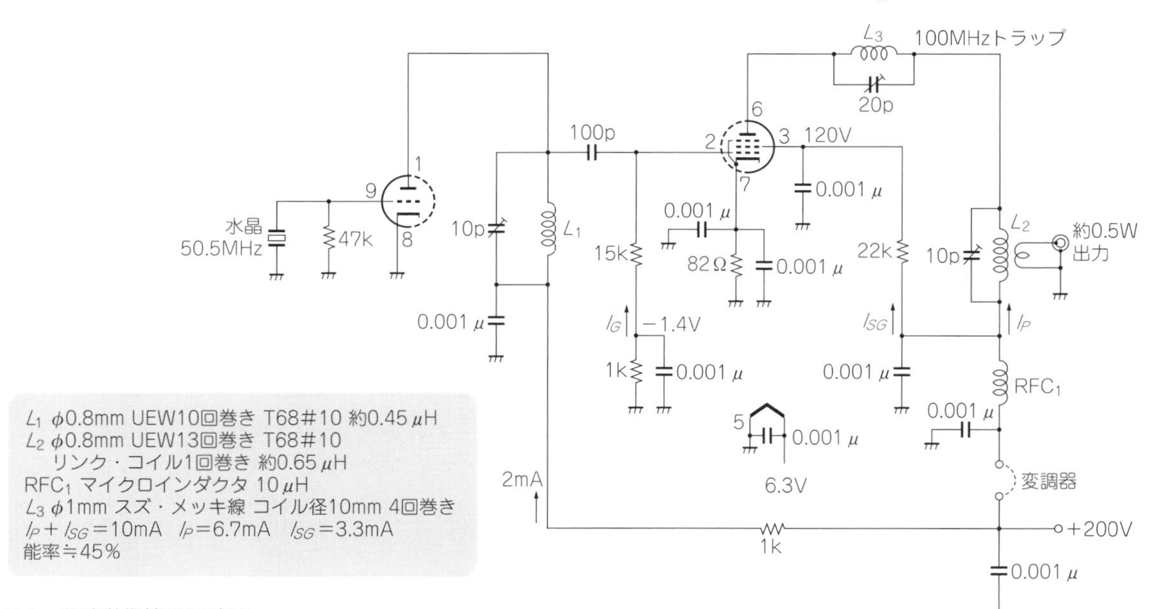

図1　単球送信機の回路図

で，内部にシャープ・カットオフの5極管と増幅率40の3極管を持つ小型高性能の複合管です．6U8AのAは，ヒータがトランスレスのテレビに使われることを考えてヒータ・ウォームアップ時間が11秒に統一されたことを表しています．

- **差し替えが可能な球**

同型管の通信工業用として6678やNEC LD611もあり，同等に使えます．また差し替え可能な真空管として6EA8があります．6GH8やヒータ電圧のみ異なる5U8/5GH8/8A8/9A8なども使えるので真空管の入手に困ることはないでしょう．その他にナショナルの6BL8/ECF80が同等に使えます．これを本機で使えば0.5Wを超えるというFBな真空管です．ただ，6U8とは少し静電容量が違うので，各部の同調を取り直す必要があります．

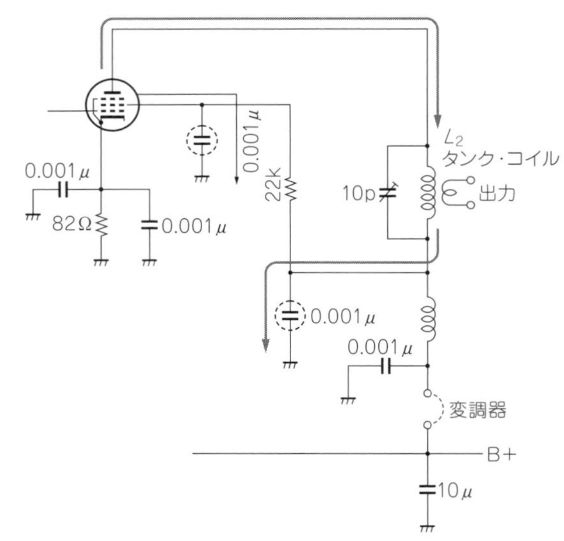

図2　5極管の高周波信号の流れ

本機の構成

本機は，6U8Aの3極部でオーバートーン発振をして50MHzを生成し，5極部で電力増幅を行う単球送信機です（p.99，**写真2**と**図1**）．これに6-1節のICアンプ式の変調器かここで紹介する2球変調器を接続することでAM送信が可能です．機能は同じですが，真空管送信機には真空管変調器が似合うでしょう．

■ 発振回路

現在はFBなオーバートーン水晶振動子を手に入れられるし，発振回路も1段ですむため簡単に製作ができます．発振回路の調整は，最大発振電圧の点より少しトリマ・コンデンサの容量を抜いた点にセットした方が良いでしょう．最大発振電圧に調整すると発振が急に停止してしまうことがあります．これは，5極部のグリッド電流をチェックすると分かります．

■ 電力増幅

終段は6U8Aの5極部をCクラスで動作させます．終段プレート変調は，終段がCクラスで動作をしていることが条件です．終段でカソード接続されている82Ωの抵抗がドライブが停止した場合の過大なプレート電流を防ぎ，球の保護をします．

- **主要なコンデンサ**

カソードのバイパス・コンデンサを2本使用することでリード・インダクタンスを減らしています．この回路で最も大切なコンデンサは，スクリーン・グリッドとL_2のコールド側に付いている1000pFのバイパス・コンデンサです．終段回路（5極部）の高周波電流経路を**図2**に示します．

写真3　バスタブ・コンデンサの例
これは1つのケースに3つのコンデンサが封入されている

BC-342受信機は，プレートとスクリーン・グリッドのパスコンを同一のケース（バスタブ・コンデンサ）に入った部品として使い，確実なループを形成しています（**写真3**）．

- **トロイダル・コアと巻き方**

タンク・コイルはT-68#10のコアにφ0.8mm UEW線を巻いています．周波数が50MHzなので少しでも巻き線の表面積が必要と考えたためです．リンク・コイルは1ターンのリンクです．不思議なことに，トロイダル・コアを使用すると1ターンで50Ωにマッチングします．

トロイダル・コアを使うことにより，コイルとコイルの間の結合が減るので増幅回路が安定します．

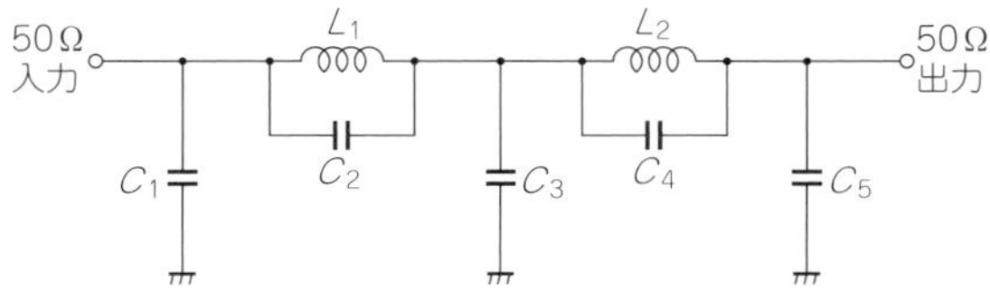

f=50.6MHz
L_1=0.153μH　L_2=0.125μH
C_1=20pF　C_2=7pF　C_3=70pF
C_4=20pF　C_5=20pF
L_1の同調周波数=153.789MHz
L_2の同調周波数=100.658MHz
シミュレーションによる値.
L_1, L_2のコイルは直角に配置し結合を減らす

図3　50MHz用のカウエル・フィルタの回路図

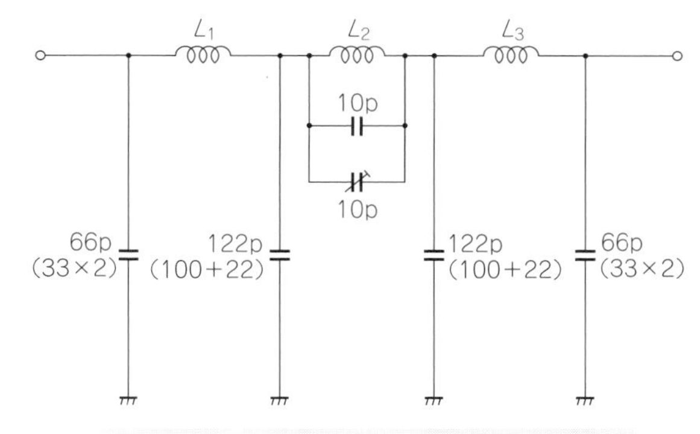

L_1, L_2, L_3=0.15μH T50#12にφ0.6mm UEW線7t

図4　50MHz用第2次高調波トラップ付きローパス・フィルタの回路図

写真4　カウエル・フィルタの部品実装例

写真5　第2次高調波トラップ付きローパス・フィルタの部品実装例

真空管のソケットの真ん中にシールド板が必要かと思ったのですが，なくても安定動作をしました．

トロイダル・コアの巻き方によってインダクタンスが変わります．これは巻く力/コアとの密着度/線材のわずかな太さの違い/コア本体のバラつきなどの違いです．巻き終わったら，100kHzで測定できるLCRメータ（秋月電子通商のDE-5000など）などの測定器でインダクタンスを確認する必要があります．同調しない恐れがあるので，特にトリマ・コンデンサが小容量の場合はインダクタンスの確認が必要です．

- **第2次高調波のトラップ・コイル**

終段部がシングルですから，どうしても第2次高調波が発生します．この高調波を除去するためにトラップ・コイルを付けています（p.99，**図1**のL_3）．このトラップ同調回路をプレート回路へ入れたときが一番効果がありました．本機は外部へフィルタを入れずとも新スプリアス規格に準拠しそうです．もちろん，念のためにフィルタを挿入すれば万全だと思います．

不要輻射の対策

■ 50MHzの思い出

松本市付近では，この周波数は本当に難しいバンドでした．第2次高調波がちょうど100MHzで，テレビの2CHへピッタリ出てしまうからです．当地では2CHがNHK総合TVなのでTVIに悩まされたのです．第2次高調波が−35dBc程度の送信機で50MHzにQRVすると，画面が消えるなどということは日常茶飯事でした．筆者のローカルJA0IXX赤羽OMは，多くのフィルタの研究と実験を重ねて50MHzにQRVしていました．

現在ではテレビがデジタル化されて，50MHzでTVIを発生させることは少なくなりましたが，奇麗な電波を心掛けたいものです．以下に1Wを超える出力に対応するフィルタ例を示します．

■ 50MHz用カウエル・フィルタ

図3に50MHz用のカウエル・フィルタの回路と乗数を，**写真4**に実装例を示します．LとCが計算

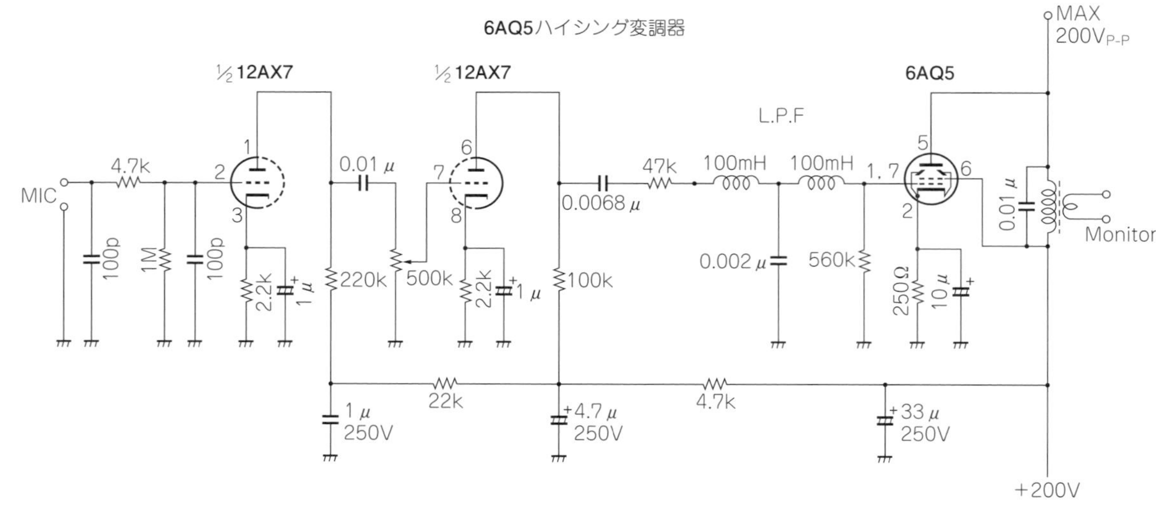

図5　本変調器の回路図

値で最良となるには±1%ということでなかなかシビアです．このカウエル・フィルタへ普通のLPFを付加するとFBだとJAØIXX 赤羽OMからお教えいただきました．

カウエル・フィルタは，ネットワーク・アナライザ上では50dB近くスプリアスが減衰します．しかし実際に送信機へ取り付けてもそれほど落ちません．その理由は，出力インピーダンスは50Ωですが高調波のインピーダンスは50Ωではないためです．

50MHz用第2次高調波トラップ

ARRLハンドブックのローパス・フィルタは，第2次高調波で約20dBの減衰が得られます．この5素子ローパス・フィルタ用に100MHzの並列共振トラップを赤羽OMより教えていただきました(p.101，**図4**と**写真5**)．このトラップが有効に動作し，第2次高調波は30dBほど減衰します．多段にすることも可能ですがロスが増えます．

6AQ5ハイシング変調器

本機の変調器としてはちょっと余裕のある，2W出力の変調器を製作してみました(**写真6**)．この2球の回路はシンプルで安定に動作します．出力の6AQ5は，メタル管やGT管の6V6をMT管にしたビーム出力管です．250Vのプレート電圧で最大4.5Wの出力が得られる素晴らしい真空管です．送信機との接続は6-1節のIC変調器と同じです．もちろんIC変調器も使用できます．

使うマイク

筆者は手持ちのクリスタル・マイクが多く，入力インピーダンスは1MΩで考えています．もちろん50kΩインピーダンスのマイクも使えます．600Ωのマイクも山水電気のST-12などのトランスを使えば，ハイインピーダンス用のマイクとして使用できます．

音声入力のRF用ローパス・フィルタは不要と考えたのですが，4.7kΩと100pFで構成されたものを挿入しています(回り込み防止用)．マイクロホンに指定されたインピーダンスで終端すればよりフラットな特性が得られると思います．

回路の概要

12AX7による2段の電圧増幅としています(**図5**)．50年以上前の書籍などには6AV6を2本使うと掲載されていました．12AX7と6AV6は同一特性を持った真空管ですが12AX7は大変高価な球でした．現在は真空管オーディオが盛んなため12AX7は各国で作られており，入手が比較的容易です．電力増幅管には6AQ5を使用します．6AQ5は高周波では使いづらい球ですが低周波ではその本領を発揮します．

- **主要な*LC***

カソードパスコンには，25V耐圧の1μFセラミ

(a) 外観

(b) シャーシ裏面の部品実装

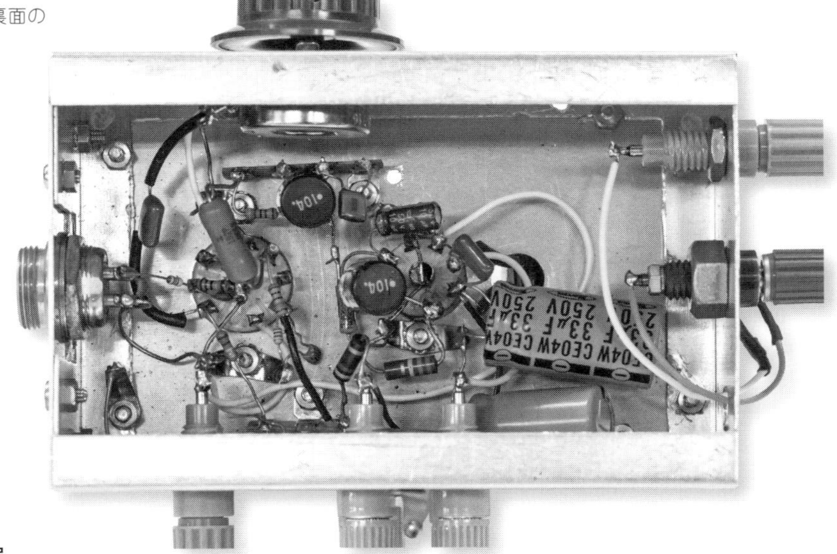

写真6　製作した2球変調器

ック・コンデンサを使っています．12AX7と電力増幅管6AQ5の間に*LC*によるローパス・フィルタを挿入することで，音声帯域の3kHz以上の周波数成分をカットします．真空管の回路はインピーダンスが高いので，こんなシンプルな回路でも十分実用になります．

• **出力トランス**

今回使ったものは5Wクラスの一般的な5球スーパーなどに使うトランスです．トランスのインダクタンスを増やせば低域まで変調は掛かりますが，Hi-Fiのオーディオではないので小さな容量で良いと思います．ただし電流容量は高周波出力管の電流が加わるので注意が必要です．今回は合計で50mA以下ですから出力トランスで十分間に合いました．

参考文献

(1) RCA Receiving Tube Manual RC-29
(2) 梶井謙一，送信機の設計と製作，CQ出版社，1964年

6-3 807で作る7MHz(10W) CW/AM送信機

現代に807を使う

筆者が開局した1965年頃は，多くのアマチュア無線局が807シングルでON AIRしていました．特にTRIO TX-88Aを使った局が多くみられました．最初のTX-88(88Aではない)は終段管に6AR5を使用した3.5/7MHzの2バンド機でしたが，TX-88Aでは出力管が807に変更され，さらに3.5～50MHzバンドでQRVが可能となりました．これが爆発的に売れたのは807シングルが素晴らしかったからでしょう．

807は学校や駅そして公共機関の構内放送用として，また無線局の送信管として，地方でも多量に使われていました．入手が比較的容易だったため，お祭りなどのアンプや選挙の街宣車などのほかに，自作送信機でもよく使用されました．これを使用すると，2球で安定した効率の良い送信機ができます．

ここでは今までほとんど解説がなかったパラ止め抵抗についても深掘りをしたいと思います．

写真1
本機で使用した807
筆者が高校生の時に何回もプレートを真っ赤にしたもの

807の概要

807はオーディオ用のメタル管6L6のガラス管6L6Gを基に高周波回路用に改造され，1937年の発売以来，80年もたっている古いタイプの真空管です(**写真1**)．

以下にRCAのデータシートに掲載されている807の概要を示します．これには「The“little Magician”」というキャッチフレーズが記載されています．素晴らしい特性を持った真空管に間違いありません．

- プレート入力78W時，0.2Wのグリッド電力でドライブ
- 60MHzまで最大定格で動作
- 中和を省略できる(実際にはあった方が良い)
- マイカノール・ベース
  (日本製は普通の黒ベースが多い)

■ プレートキャップ

807のプレートキャップ(9mm)は少し入手が面倒かもしれません．一般的なものは1/4インチ(6mm)，3/8インチ(9mm)，9/16インチ(14mm)の3種類です．1/4インチはメタル管やGT管，3/8インチはST管(今回の807や6146など)，9/16インチは811Aや813などの送信管に使われました．これ以外の特殊なものもあるようですが，筆者には情報がありません．頭のキャップがプレートに接続されているものは送信管が多く，受信用のものはほとんどグリッドになっています．

筆者は古い測定器に付いていたプレートキャップを使いましたが，手持ちがない方はプレートに0.8mmのスズ・メッキ線を巻いて，その外側にポリイミド・テープ(秋月電子通商などで販売されている黄色の耐熱テープ)で絶縁すれば代用できます．しかし，感電防止にカバーの付いたものが欲しいところです．セラミックの絶縁されたプレートキャップが販売されている(バンテックエレクトロニクス)[注1]ので，手持ちがない方は参照してみましょう．

注1：バンテックエレクトロニクスのURL　**https://www.soundparts.jp/**

写真2
TS-520の100W化キット
のパラ止め

写真3　八重洲無線 FL-2500のパラ止め
6KD6の5パラのリニア・アンプなのでパラ止めも5つ並んでいる

■ パラ止め（VHF Parasitic Oscillation）

ビーム管をHF帯の送信機に使うと，100～200MHzの間で異常発振を起こすことがあります．その発振がVHF帯で起こるので，正式にはVHFパラスチック発振と言います(1)．この発振を防止するための部品が，コリンズ KWM-2の6146のプレートやFT-101，TS-520などの送信管のプレートキャップのすぐ横に付いている，抵抗にスズ・メッキ線を3～4回巻いてあるアレです（**写真2**，**写真3**）．

• パラ止めの原理

3～4回巻きのコイルが100～200MHzの発振成分をピックアップし，中央部の抵抗でそのエネルギーを消費させて，発振が起きるのを防いでいます．実際にパラ止めなしで807を動作させると200MHz近くで異常発振します．やはりパラ止めは必要でしょう．高い周波数で有効に動作させるために，パラ止めはできる限り真空管のプレートキャップの近くが良いでしょう．

同様に，ここに使用する抵抗はできるだけ高周波に使えるものの方がよりFBです．前述の送信機にはパラ止めにソリッド抵抗が使われていました．現在の抵抗は200MHzくらいまで使えるので，1Wの普通のカーボン抵抗で十分使用できます（セメント抵抗などの巻き線抵抗は不可）．

オーディオで使われるアーレンブラッドレーのソリッド抵抗は，現在でも国内でオーディオ用として販売されているので，これを使用すればよりFBと思います．

■ 807のシールド

昔の807送信機のほとんどに，スカートのようなシールドが付いていました．これにはタバコのピース缶がぴったりです．現在でも缶入りピースは販売されていますが，筆者は愛煙家ではないので，ほぼ同じと思われる缶を購入して実験してみました（p.106，**写真4**）．

ちょうどプレートとグリッド回路の境界付近へ高さが来るので大変FBです．今回は筆者が開局時に使ったシールド缶と807が出てきたので使ってみました（p.106，**写真5**）．シールドを付けることにより807は安定に動作します．

• 807の舟（袴（はかま））について

807には，プレートの下に舟が付いているものといないものがあります．開発された当初は付いていませんでしたが，シールドのため，量産品となってから付けられたようです（p.106，**写真6**）．本書裏表紙の807は試作品のようで，舟が付いていませ

写真4
ピース缶と同様な缶が
シールドに活用できる

写真5
807を使用した
本機の外観

写真6　円柱状の金属板が807の袴部分

ん．これでも特に問題はなく，7MHzで15W以上（E_P ＝350V）が出ました．

後期製造の807は，国産/米国産共に舟はありません．HF帯での使用に差異は認められませんが，VHF帯では差が出るかもしれません．中和をとった50MHzのアンプではどちらの球を入れても動作しました．

TX-88Aは中和をとっていましたが，VHF帯（28MHzや50MHz）やリニア・アンプで使うときにはやはり中和回路が必要だと思います．

807で作る7MHz（10W）CW/AM送信機

こんな小さなシャーシ（12×8×4cm）でも807を使った送信機ができます（**写真7**）．回路図を**図1**に示します．皆さんもぜひトライしてみませんか？筆者は，真空管は飾って楽しむよりも使って楽しんでほしいと思います．

■ 発振回路

- **発振管**

発振管にはハイG_mのテレビの映像信号出力用真空管6AG7を使っています．この球は昔から水晶発振回路の発振用に多用されていました．規格表によると，オーディオ用の5極管やビーム管に比べるとG_mが倍以上あり楽に発振させられます．昔の水晶振動子はアクティビティー（発振のしやすさ）が悪かったために，G_mの高い6AG7が特に好んで使われたのではないかと考えます．昔のFT-243型水晶はシール（密封）が完全でなく，特に日本での使用品は湿度のため表面が汚れているものが見受けられます．分

写真7
製作した送信機の部品実装面
本機は送信機のみで，電源と変調器は別

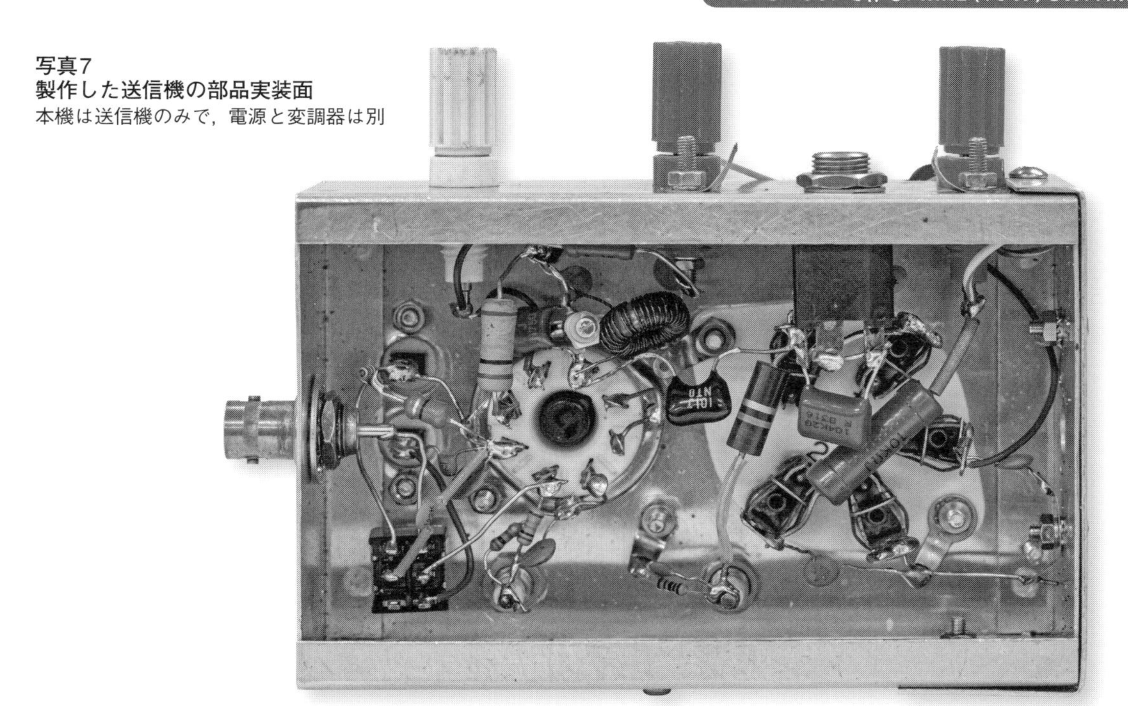

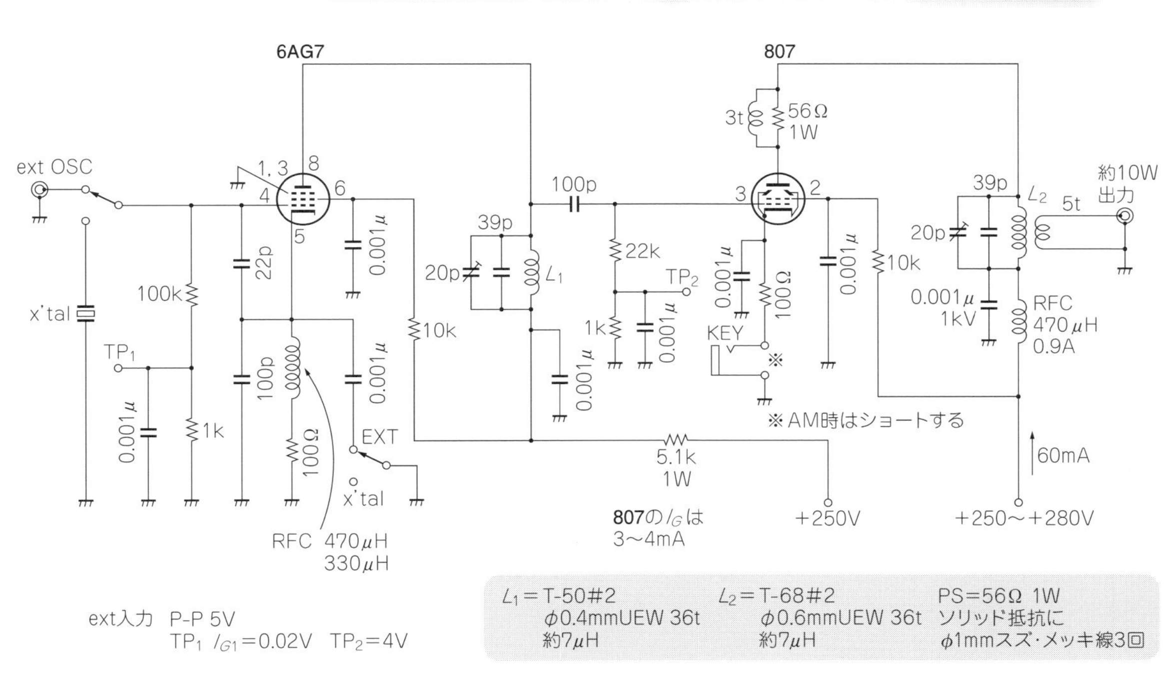

図1 本機の回路図

解してアルコールで洗浄すると発振が開始することもありました．今回はレトロなメタル管を発振管に使用しましたが，MT管の6CL6や12BY7Aでも同じ回路でFBに動作します．その場合は発振管にシールド・ケースをかぶせるか，807との間にシールド板を入れることでより安定な動作をさせられます．

● 水晶に優しいグリッドプレート発振回路

この発振回路の水晶振動子は，昔のものでも現代のものでも使えます．現代の小さなものに大きな電力を加えると，突然不良となって発振しなくなります．特に真空管を使った変形ピアース発振回路は，水晶振動子を破損する事故をよく起こします．また，この発振回路は高調波を発振させる回路としても有名です．プレート側の同調回路を2倍または3倍の周波数に同調させれば，高調波を効率良く取り出せる素晴らしい回路です．

• **発振停止の保護回路**

6AG7のカソード回路に入っているRFCへ直列に入っている抵抗は，外部発振器よりの入力信号が止まった場合または水晶振動子の発振が止まった場合などに，発振管に過大電流が流れるのを防ぐ目的で入っています．信号が止まった場合はカソードバイアスが掛かり，A級増幅回路となって真空管の保護をします．外部発振入力の場合，6AG7はA級増幅として動作します．

• **外部入力**

グリッド回路は約5V（P/P）の信号を必要とします．市販されている発振器は少々出力レベルが低いように思われるので，1：4や1：16のトロイダルトランスを使った昇圧回路を入れると良いでしょう(2)．

• **発振コイル**

これにはアミドンのT-50#2（赤）を使っています．トロイダル・コアにコイルを巻くと，巻く力/コア材のばらつき/巻き線の太さ（アメリカのインチサイズの線材の混入）など，いろいろな要素によってインダクタンスが増減します．コイルを巻いたら，正確に高周波でのインダクタンスが測れるLCR計（秋月電子通商で販売しているDE-5000など）で100kHzを使用して測定するのがポイントです．

出力用コイルはT-68#2（赤）を使っています．リンクコイルは，φ0.6mmスズ・メッキ線の上へエンパイヤチューブやテフロンチューブをかぶせて巻けば良いでしょう．これをもう少し多く巻いて直列にバリコンを入れてマッチングする方法もありますが，バリコンの入手が困難でしたのでリンクのみとしています．

出力用のT-68#2を同調回路に使った場合，68/2＝34WまでOKと説明書に書いてありました．T-50#2でも良いのですが，リンクコイルの巻きやすさなどを考えT-68#2にしてあります．

RCAの説明書どおり，7MHzの送信機に中和回路は必要ない感じがしますが，気になる方は付ければ良いでしょう．

■ 現代の部品を活用しよう

• **高周波チョーク**

RFCは小型の「AL 0510-471K（470μH）」または「AL 0510-331K（330μH）」が使えます（秋月電子通商で販売）．これらは10個入りが購入でき，安くて小型でFBな動作をします．昔の3段巻きの大型RFCは必要ありません．現在はいろいろな小型で素晴らしい部品が入手可能です．

• **コンデンサ**

真空管を使った回路に使用できるコンデンサですが，高電圧インバータ回路用の高性能なものが，30年前では考えられないほど簡単に入手できるようになりました．周波数特性が良くなり，短波帯の送信機なども低周波の感覚で作れるようになりました．他の部品も特に高周波用のものではなく一般回路用のものが使えます（巻き線抵抗など除く）．

またトランスなどを製造している会社も健在で，入手も可能です．本節では受動素子に現在発売されている部品を使っているので入手に困ることはないと思います．

• **10Wを超えると高耐圧バリコンが必要**

今回の送信機は10W程度ですから小型のトランジスタ用トリマで何とかなっています．パイマッチ回路に使えるバリコンの入手が困難なので，小型のトリマで出力同調回路を構成しています．これでも一度もトラブルを起こさずに動作しています．日本製の部品は素晴らしいと改めて思います．

これ以上の電力になると別の方法を考えなくてはいけません．その場合は高耐圧バリコンが必要になりますが，現在はかなり入手困難です．まだジャンク品などがあるので探せると思います．

• **ディスコン部品の入手**

日本はエレクトロニクス産業が盛んなので真空管に使える部品もたくさんあります．オークションなどでもまだまだ多くのパーツが豊富に見られます．残念ですが，OMさんの遺品なども市場に出ているので，ぜひ意思を引き継いで活用したいものです．

■ 807の配線で注意すること

使った807は筆者が開局時に使用した球でNHKのゴム印がある放出品です．当時の高校生が使い，何回プレートを真っ赤にしたか分からないくらい酷使した球です．しかし現在でもFBに動作し，250Vのプレート電圧で約10Wの出力が得られます．807は何とタフなんでしょう．

今回の実験では1度も赤くしていないので，少しは腕が上がったのかもしれません．前述のように807のシールドは開局当時のものを使っています．当時プレートとグリッドの境界の長さを測って作りましたが合っていました．現在でも要所をきちんと配線すると素晴らしく安定に動作します．

• 配線のポイント

スクリーン・グリッドのパスコンとプレート同調回路のコールドエンドのパスコンのアースをできるだけ近くに配線すること，その間にグリッド回路のアースが入らないことが，807を使うポイントでしょう．

1点アースは良い方法ですが，上記のポイントを頭に入れて配線すれば安定に動作するはずです．今回の製作ではアース点がかなり離れていますが，後部のパネルにしっかりアースしています．ちょっとしたアースの仕方で大変安定に動作しますが，アルマイト処理されているパネルはアースが効きません．必ず菊座金を挟んでねじ止めし，アースを確実に接触させることが必要です．

(a) 外観

(b) 部品実装面

写真8　5933を使用した7MHz送信機

5933を使ってみる

手持ちとして，807をちょっと小型にした807A(日本製)とそっくりな5933/807Wがありましたので，同一回路で送信機を作ってみました(**写真8**)．6146が一般的になるまで，5933はスマートであこがれの真空管だったそうです．5933は小型なのでシールドの必要はありませんでした．当然のことながらこれもFBに動作します．

参考文献

(1) ARRL HANDBOOK 1950
(2) 山村 英穂，改訂新版 定本 トロイダル・コア活用百科，CQ出版社，2006年
(3) CQ ham radio 付録カレンダー2018，CQ ham radio 2017年12月号付録
(4) CQ ham radio，2018年5月号，p.100
(5) RCA GUIDE for Transmitting Tubes
(6) RCA Receiving Tube Manual RC-19
(7) RCA Transmitting Tubes TT-5
(8) 有坂英雄 JA1AYZ，真空管談義(正)(続)

6-4 6146Bを使った単球リニア・アンプと2球送信機

6146Bを使った
単球リニア・アンプと2球送信機

今回は単球で製作できるリニア・アンプと2球の送信機を紹介します．6146B（以下：6146）を軽く使って約7.5W出力としています．出力10Wを目標としましたが，実際のQSOには大差がないので，これでも良いかなと思います．6146の元祖はメタル管の6L6です．6L6が開発されて80年以上が経過していますが，今回は6L6の動作に近い形で6146を動作させれば無理なく送信機ができると考えました．

真空管の送信機を製作する場合，電源が大変と思われる方が多いでしょう．今回の送信機はヒータ電圧とプレート電圧300Vのみで動作させています．真空管式トランシーバはKWM-2をはじめとして，その電源はかなり複雑にできています．それは6146から多くの出力を引き出すために固定バイアス方式を使い安定した出力を実現しています．さらにスクリーン・グリッドには別の回路より安定な電圧を供給しています．

6146単球のリニア・アンプ製作

1W 以下のQRP 送信機でちょっとパワーが欲しくなることがあります．そんな時あると便利と思われるリニア・アンプを製作してみました（**写真1**）．この目的はQRP出力のAM送信機のリニア・アンプです．ちょっとした信号の確認には最適です．ぎりぎりの通信をするQRP局には優れた増幅器だと思います．電源もAC 6.3VとDC 300Vのみで動作します．

■ 半導体と球

以前はHF帯の送信用トランジスタが数多く販売されていましたが，現在ではほとんど生産が中止さ

写真1　本機の外観

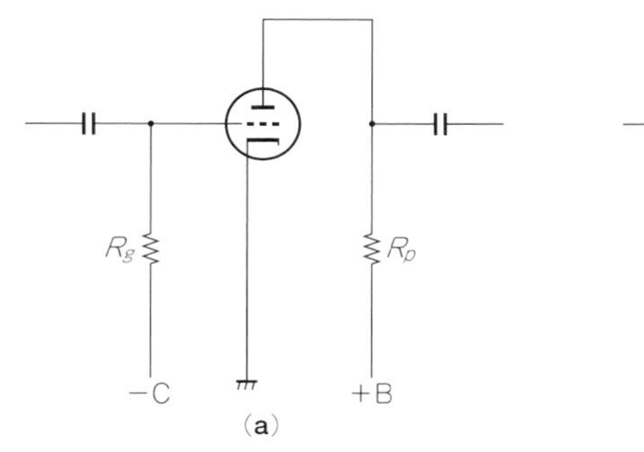

図1　バイアス回路の違い

れ，流通在庫も少ないようです．送信用トランジスタや大出力のスイッチング用FETを使用する場合は個別のデバイスごとに回路の設計が必要となります．そのためデバイスが変わるとその回路は使えなくなります．

また半導体での電力増幅回路の製作は，ちょっとしたミスですぐにデバイスを破損することがあります．しかし球の場合は，各部の電流の異常に気が付いた時に電源を切断すれば間に合うのです．

球は特殊な大型管や高名なオーディオ用を除けば高価ではありません．また抜き差しが簡単なため古い球も流通しています(使用前にテストは必要)．大きな出力を望まない限り比較的簡単な回路で動作します．10W近い出力の送信機でも300Vの電圧で十分です．少し注意して製作すれば，古い資料でも楽しい自作が楽しめるのです．

■ バイアス回路について

真空管の電源は大きく分けると，A電源(ヒータ用)/B電源(プレート供給用)/C電源(グリッドバイアス用)の3種類となります．真空管回路の場合はその動作点を決めるためグリッドへの電圧を印加する必要があり，これがバイアス(偏向)電圧です．

図1に示す(**a**)と(**b**)の回路は同じ動作ですが，違いは分かるでしょうか？ (**a**)の回路図は教科書に載っているような基本回路で，グリッドへ別回路(C電源)からバイアス電圧を供給します．小信号の増幅には，ほとんど(**b**)の回路が使われます．理由はC電源がなくても動作し，電源回路が簡略化されるからです．ほとんどの真空管はこのような簡単な回路(自己バイアス回路)で動作しています．

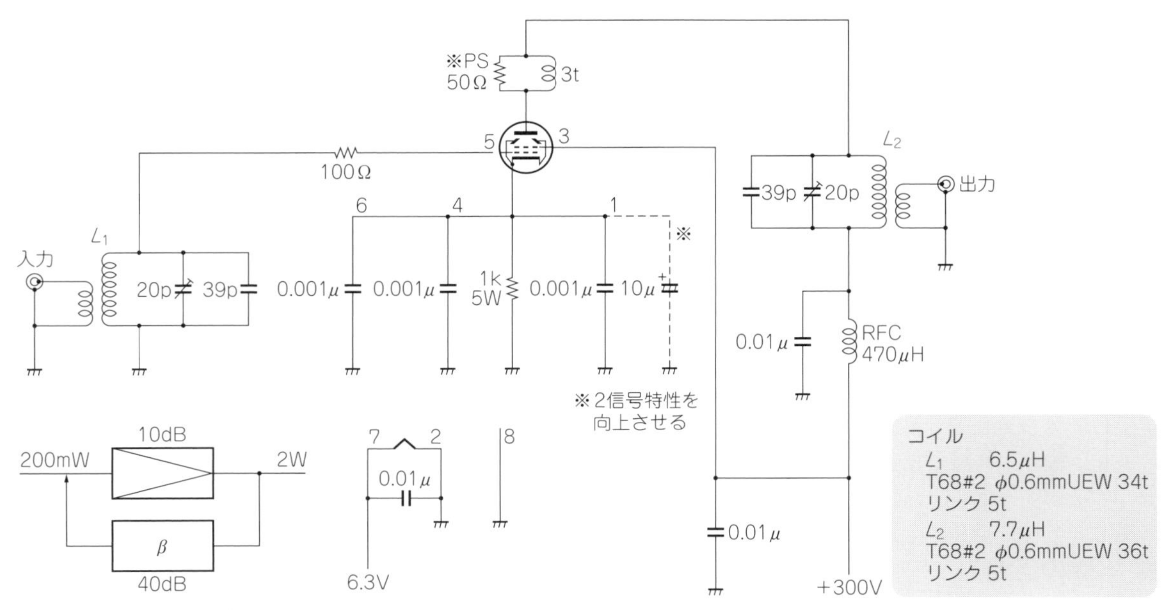

図2　本リニア・アンプの回路図

写真2
出力端子付近が
出力側の同調回路

- **自己バイアス回路の原理**

① プレート電流（カソード電流）が流れるとカソードとグラウンド間の抵抗R_kに電流が流れ，オームの法則によりカソード電圧がグラウンドに対してプラスになる

② 基本的にR_gは電流が流れない（Aクラスの場合）のでグリッドはグラウンドと同電位となる

③ カソード電圧が上昇した分，相対的にグリッドの電位が下がることとなり，グリッドがマイナスにバイアスされる

④ グラウンドに対してカソード電圧が上がるので，プレート電圧はその分高くする

- **固定バイアス回路を使う理由**

6146などを使ったアマチュア無線機では，多くのパワーを出すためにC電源を使い，安定したバイアス電圧を加えて効率的な動作点で動かします．送受の切り替えなどでも，C電源の電圧を変えてカットオフ電圧（増幅動作をしなくなる電圧）まで下げて，スタンバイ状態にしています．

■ 本機の回路

今回のリニア・アンプは目標が10W以下ですから，自己バイアス方式を採用してみました．これにより簡単な回路となっています（p.111，**図2**）．出力が数Wのオーディオ・アンプのバイアス回路にはこの回路が多く採用されています．普通のオーディオは0.1～3Wくらいまでの出力で，ラジオの出力段はほとんど自己バイアス方式を使っていました．

今回は10W以下のパワーかつAクラスで使っているので，カソード抵抗を使いましたが，この代わりにツェナー・ダイオードを使う方法もあります．筆者は以前UHF帯のグラウンデッド・グリッド・アンプなどで使ってみました．小さなツェナー・ダイオードでは電力が足りず，トランジスタを使った等価ツェナーなどを考える必要があります．

■ 出力とゲイン

300VのB電圧ですが，実際のカソードとプレート間電圧は約50V低い250Vとなります．そのため，最大出力は7.5Wとなってしまいました．パワーは少し低下するのですが，回路が単純化するだけ製作は楽になります．この回路では最大約16dBのゲインが得られます．本機は7MHzにおいて不安定さはなく，中和なしでも十分安定な動作が得られました．同調は入力側と出力側（**写真2**）の2カ所で，両方とも結合はリンクコイルを使っています．トロイダル・コアは回路を安定に動作させます．

この回路にQRPのAM機を接続してみました．入力が約200mWで出力は約2W出ます．これ以上の入力では出力波形が歪み，さらなる出力増加は望めません．キャリアの最大出力はパワー・メータで約8Wですから，AMの場合¼の2Wとなります．

■ 組み立て

6146のカソード端子1，4，6（8番は直接アース）は，0.001μF（102）で高周波アースします．このアースなどのため，6146のGT管ソケットはアース端子が金具に付いているものが便利です．付いていないソケットを使う場合は，取り付けねじと一

写真3
本リニア・アンプの配線

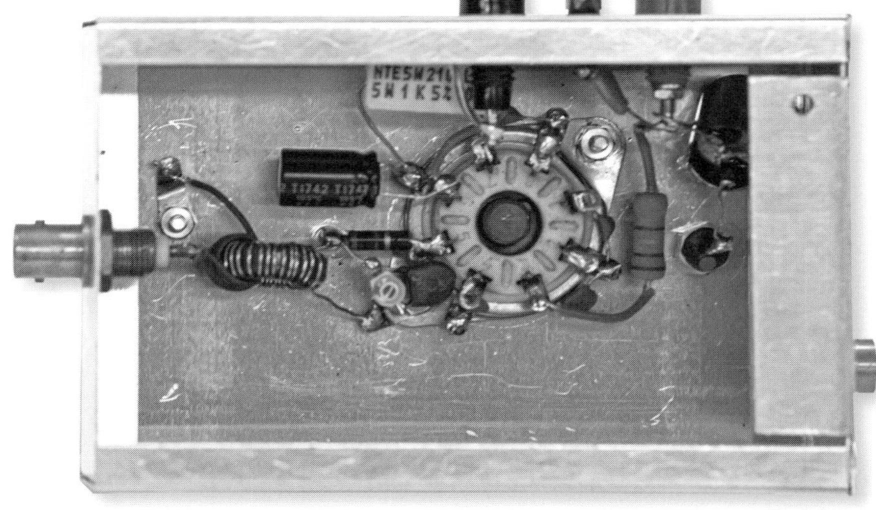

写真4　本機の外観
AMは変調器による終段変調がお勧め

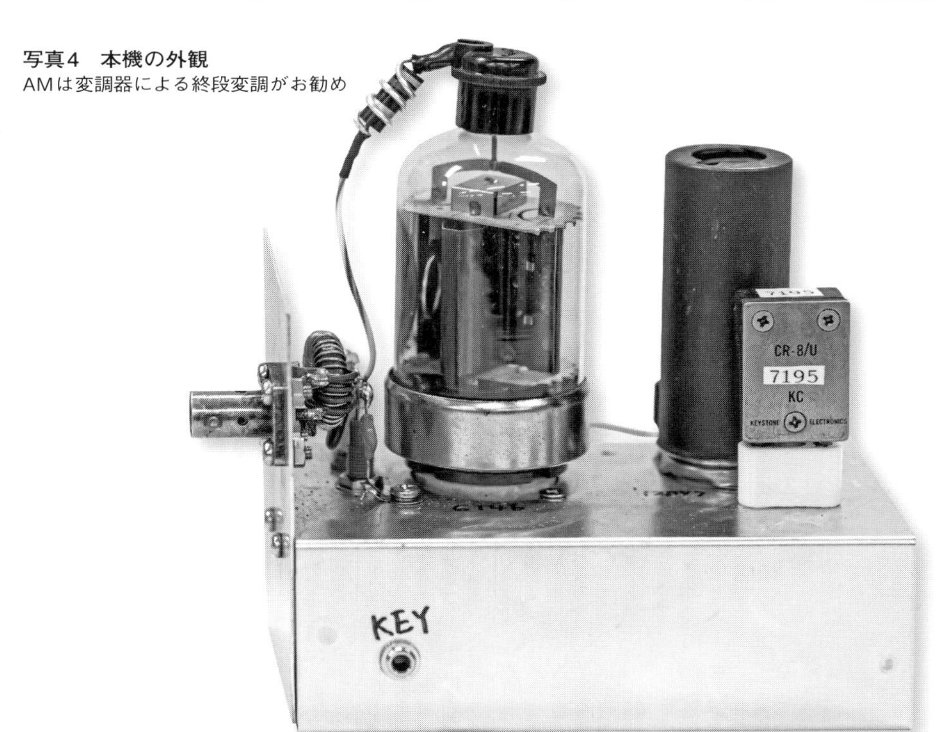

緒に玉子ラグを使えば良いでしょう．

カソードに10 μF(400V)のコンデンサが付いています．SSB波の2信号特性がコンデンサを入れると良いといわれているので一応入っています．このように簡単にリニア・アンプを作ることができます(**写真3**)．出力回路にローパス・フィルタを入れれば，JARDやTSSの認定に合格しやすいので，ぜひトライしてみてください．

6146を使った2球7MHz送信機

この送信機(**写真4**)はCWとAMの運用ができ

ます（AMは変調器が必要）．CWで10Wほど出るので，余裕で世界各地とQSOが可能です．AMだと少し弱いのですが国内QSOは十分可能でしょう．

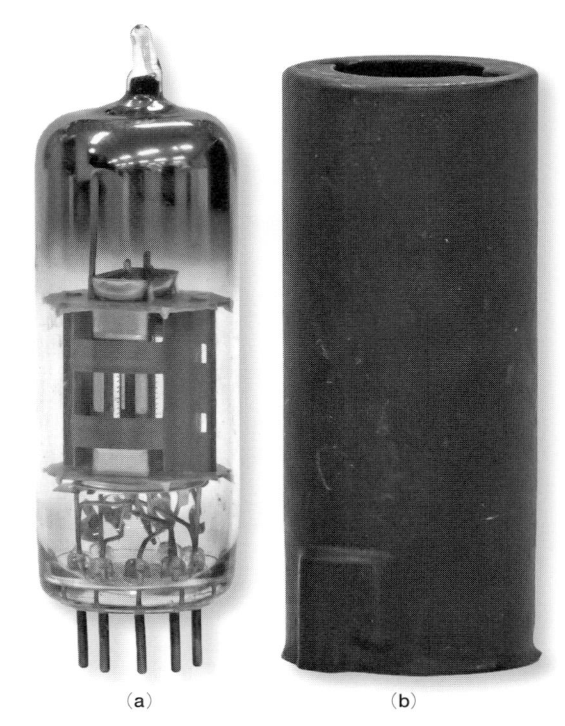

写真5　12BY7Aと専用のシールド

■ 発振段

• 発振管

12BY7A［**写真5**の(**a**)］はわれわれアマチュア無線家にとっておなじみの真空管です．FT-101やTS-520などのドライバとして多用され，ご存じの方も多いと思います．12BY7Aは白黒テレビ用の映像増幅出力管として開発されたものです．これはG_mが11000μSもある高感度管で，米国のヒースキットが発振管として特に多用していました．

オーディオ用の6AQ5などと比較するとG_mが倍以上も高いので，少しくらいアクティビティーの悪い水晶振動子も発振する良い真空管です．日本の白黒テレビの時代は12BY7Aの映像回路が多かったのとアマチュア無線機でも多く使われたため，現在も入手は比較的簡単です．

12BY7Aにはシールド・ケース［**写真5**の(**b**)］を付けています．これは少し特殊ですから，入手できない場合はアルミ材で6146と12BY7Aの間を仕切れば同様な動作となります．

• 発振回路

図3に回路を示します．今回もプレートグリッド発振回路を使っています．プレート回路に7MHzが同調するコイルが1つあります．これはトロイダル・コア T-50#2にϕ0.4mm UEW線で巻かれています．

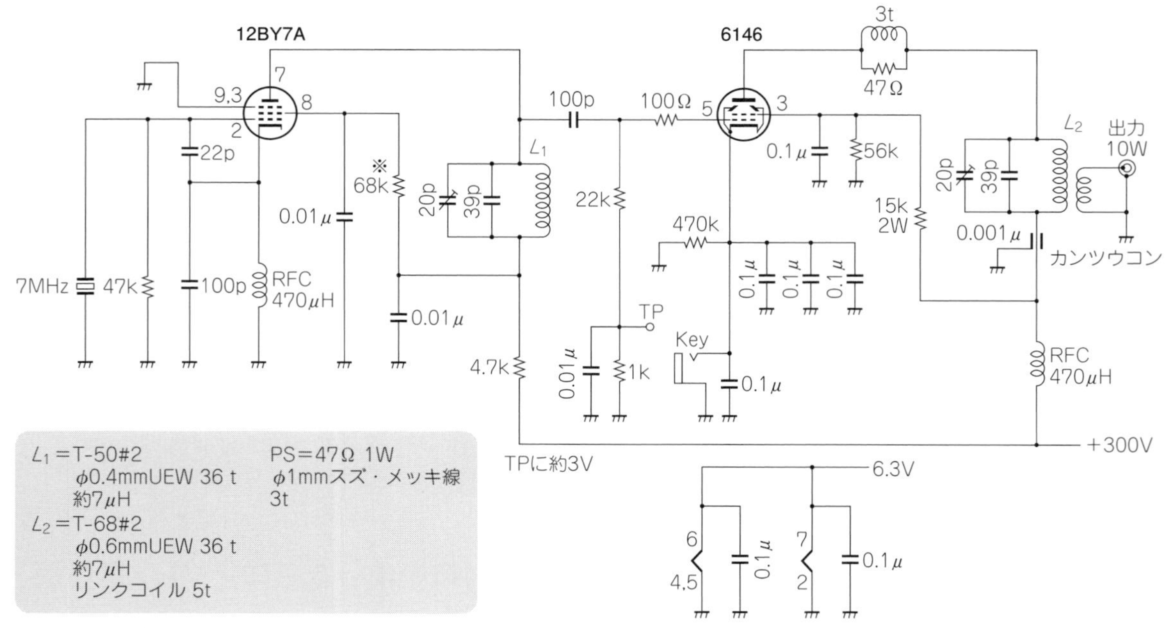

図3　本送信機の回路図

同調容量はJA1FG 梶井OM(SK)の名著「送信機の設計と製作」に示された定数を使い，FBに動作しています．昔のように100pFや150pFのFBなバリコンの入手が大変難しくなっているので，小型のセラミックトリマと固定コンデンサで同調しています．現在ではこの方法がベストと思っています．当節，新品の送信用バリコンの入手は絶望的だと思われます．何とか今ある部品を工夫して使用するしかないと思います．

■ 結合コンデンサ

発振段と出力管のグリッドの結合には100pFのマイカ・コンデンサを使っています．このコンデンサは必ず新品(中古品はNG)か，チェックしてリークがないものを使ってください．耐圧は500Vあれば良いでしょう．もしリークがあると直流が出力管のグリッドへ流れ込み，出力管(6146)を痛めてしまいます．

先日湘南エリアのOMの持ち物であったマイカ・コンデンサを小さなバケツいっぱいいただいてきたのですが，チェックしてみたところ97%以上が不良でした．モールド型やキャラメル型のマイカ・コンデンサは経年による湿気のためリークが生じ，不良品となっているので特に注意が必要です．ディップタイプのマイカ，または1kV耐圧のセラミックが良いでしょう．間違っても古いキャラメル型のマイカ・コンデンサの使用は止めた方が良いでしょう．

■ グリッドリーク抵抗

グリッドリーク抵抗は22kΩの1Wを使っています．昔の本に，この抵抗へ直列に2.5mHなどのRFCを入れてある回路があります．かつては高周波特性の良くないL型抵抗が主流でしたのでRFCを付けたのでしょうが，現在では高周波特性の良いP型抵抗が主流ですからRFCの必要はないと思います．22kΩの1Wをお持ちでない方は，68kΩの1/4Wを3本並列にすれば使えます．

■ 出力回路とキーイング回路について

本機は当初AM送信機として考えていたので，CWのキーイングをどこでしたらよいかを考え直してみました．この2ステージの回路では，発振段を断続するかまたは出力管を断続するか，あるいはその両方を断続するかになります．今回は最も簡単にキーイングできる出力管のカソードにしました．

実際にキーイングしてカソードをオープンにし，カソード電圧を測ってみました．発生したのは約190Vです．これではヒータとカソード間の最高電圧135Vをはるかに超えてしまいます．6L6のヒータとカソード間の最高電圧が180Vですから，同系統の6146や807も耐圧は同じと思い込んでいました．昔の送信機はほとんどこの回路でしたので何の疑問も持ちませんでした．カソードに抵抗値の低い抵抗を入れると，確かにヒータとカソード間電圧は下がりますが，スペースウェーブが出てしまいます．今回の回路でスペースウェーブは約−40dBとなりました．

■ バイアス回路

本機も自己バイアス方式としていますが，6146のグリッド抵抗に電流を流しバイアス電圧を発生させています．グリッド電流をチェックすることにより，バイアス電圧を測定します．筆者が開局した頃の送信機には必ずプレート電流計とグリッド電流計が備わっていて監視をしていました．本機ではグリッド電流はCW時約2mA，AMの時約2.8mAとなるように12BY7Aのスクリーン・グリッドの抵抗値を決定しています．このデータの±10%くらいになっていればOKです．

筆者の場合は，仮にスクリーン・グリッドへ68kΩの抵抗を入れた後に細かく調整をしましたが，JA1FG梶井OM(SK)はこの調整をボリュームにして最適値を出していました．

■ 出力回路

現在新品で入手できるパーツでパイマッチ回路の構成はできません．今回もトロイダル・コアによるリンク回路としています．ここに使っている小さなトリマは意外と強く，約30分間ダミーロードで送信試験をしてみましたが，破損は起こりませんでした．何とか10Wに耐えているようです．

出力回路にローパス・フィルタを入れることにより，新スプリアス規格にも対応できます．周波数変換がない2ステージの送信機なので高調波の対策だけですみます(余裕を持たせるため3段以上のLPFが必要)．

写真6　本送信機のシャーシ裏面

■ AM変調器

プレートスクリーン端子に10Wの変調器を接続すれば10WのAM出力が得られます．AMは終段管を変調することにより簡単に良質なAM電波を発生でき，音声信号を相手へ送れます．簡便で誰でもまず間違いなくAM波が送れたので，アマチュア無線の入門用としては最適であったと思います．

約50年以上前にアマチュア無線局が増加した1つの理由にAMを使った電話交信があったのではないかと思います．また当時販売されていたTX-88AなどのキットもR間違いなく配線すればAM電波が出てQSOできたことも大きな一因と思っています．

■ 組み立て

ケースはリードのS-10（120×40×80mm，0.8mm厚）を使って作ります（**写真6**）．このシャーシは筆者が生まれた頃にはすでに存在していたようで，昔からの随分長い歴史を持っています．板厚が0.8mmなのでハンドドリルなどの手工具で簡単に加工できます．電源は6.3V 2A（交流でも直流でもよい）とDC 300V 0.1Aくらいのもので良いでしょう．

HF帯ですから真空管ソケットはGT管のソケットであればどんな種類でも使用可能です．新品をわざわざ購入しなくても中古品で十分だと思います．筆者が開局した頃，送信機のソケットにはステアタイトやセラミック製を使わなくてはいけないように書かれていましたが，そんな必要はないと思います．筆者の経験では50MHzくらいまでは材質の差によっての出力の差は分かりませんでした．

参考文献

（1）RCA，Transmitting Technical Manual TT-5
（2）RCA，Receiving Tube Manual RC-29
（3）梶井謙一，送信機の設計と製作，CQ出版社，1964年

6-5 50MHz AMトランシーバの製作

受信機と送信機をまとめる

ここではローカルラグチュー用に，小型シャーシにオールインワンで組み込んだ50MHz 5W出力のAMトランシーバを紹介したいと思います．トランシーバの語源は，トランスミッタ（送信機）とレシーバ（受信機）が合体したものです．筆者が開局した頃，トランシーバは大変少なく，送信機と受信機を別々に設置して運用をしていました．もちろんプロ用や軍用ではトランシーバも多く使われていました．しかし，技術レベルが高度で高価なため，アマチュア無線ではトランシーバは少なかったと思います．ここでは，各部の回路の説明と，トランシーバとしてのまとめ方などを交えて解説したいと思います．

トランシーバについて

トランシーバという言葉が多く使われるようになったのは，1970年代以降ではないかと思います．それ以前は，限られた方がコリンズ KWM-2などのトランシーバを使っていました．50MHzや144MHzのFMが盛んになり，またHF帯も，ほとんどのアマチュア無線機がトランシーバになりました．

1つのケースへまとめたトランシーバを筆者が最初に製作したのは高校2年生の時です．3.5MHz AMで6V6シングルの出力5Wで，6BQ5のハイシング変調だったと記憶しています．5球スーパーの受信構成でしたが，十分なQSOができました．それから50年以上たちましたが，プレート（コレクタ）変調を使用したAMトランシーバの基本構成は変わりようがないでしょう．

■ セパレート式と異なるポイント

• 送受信で共有する機能

トランシーバ（**写真1**）は受信と送信の機能を1つにまとめたものです．SSB機では高価な帯域フィルタを送信と受信で共用します．メーカー製のトランシーバは，AMモードでも低電力変調を使用しますが，基本的な構成はSSB機と同じです．

プレート（コレクタ）変調を行うAMトランシーバ（以下，AM機）では，変調器として送信出力と同程度の出力を持つAFアンプがどうしても必要です．そのため，受信に使用する音声増幅を送信時に変調器として共有することになります．こうした構成は8CH CB機や海外向けのCB機の多くに採用されていました．

• AM機の送受信の切り替え

前述の送受信で共有する機能とアンテナ回路を，送信と受信で切り替える必要があります．セパレート式ならアンテナの切り替えだけで済みますが，低周波増幅の入出力の切り替えなどで多くの接点

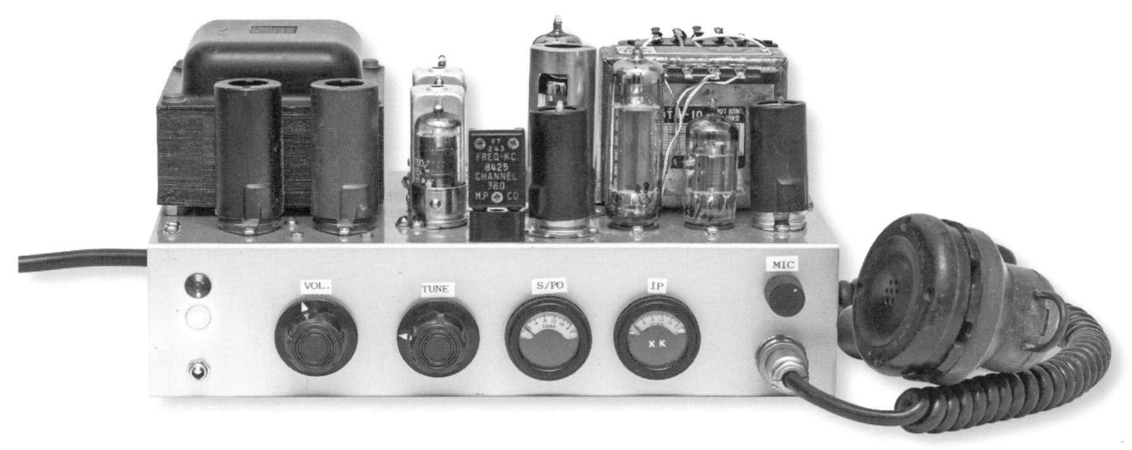

写真1　製作した50MHz AM 5Wトランシーバ

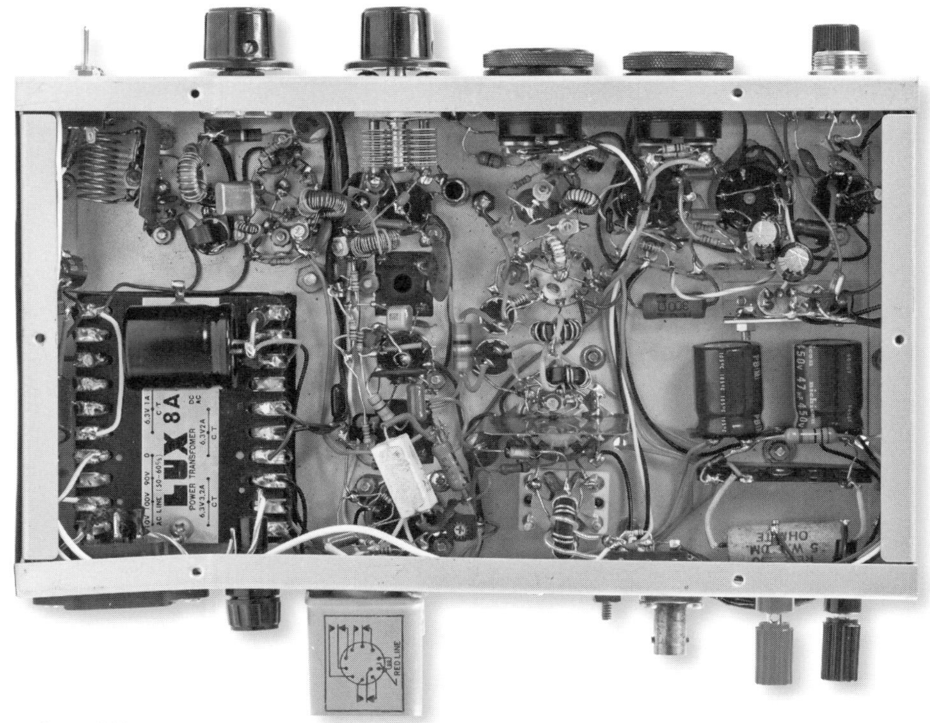

写真2　本機の部品実装

を持ったスイッチやリレーが使用されます．これがトランシーバとしてまとめるノウハウでしょう．

• **サイズ**

セパレート式なら，送信機単独のスペースを使用できます．出力によっては変調器や電源もセパレートで組むことがあります．しかしトランシーバとしてまとめるには，サイズの制限が出てきます．

現代は，電源回路用の小型のシリコン・ダイオードがあり，高耐圧で大容量のコンデンサも大きさが1/5〜1/10程度に小型化され，特性も大きく改善されています．コイルも特性が明示されているマイクロメタル社などのトロイダル・コアが簡単に入手できます．こうした部品を使うことで小さいサイズの製作が可能となっています(**写真2**)．

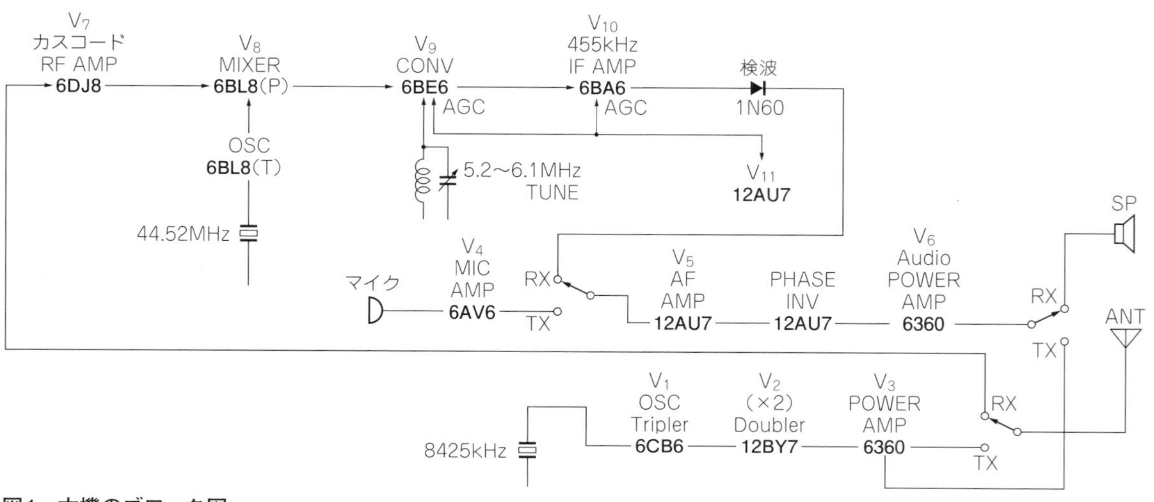

図1　本機のブロック図

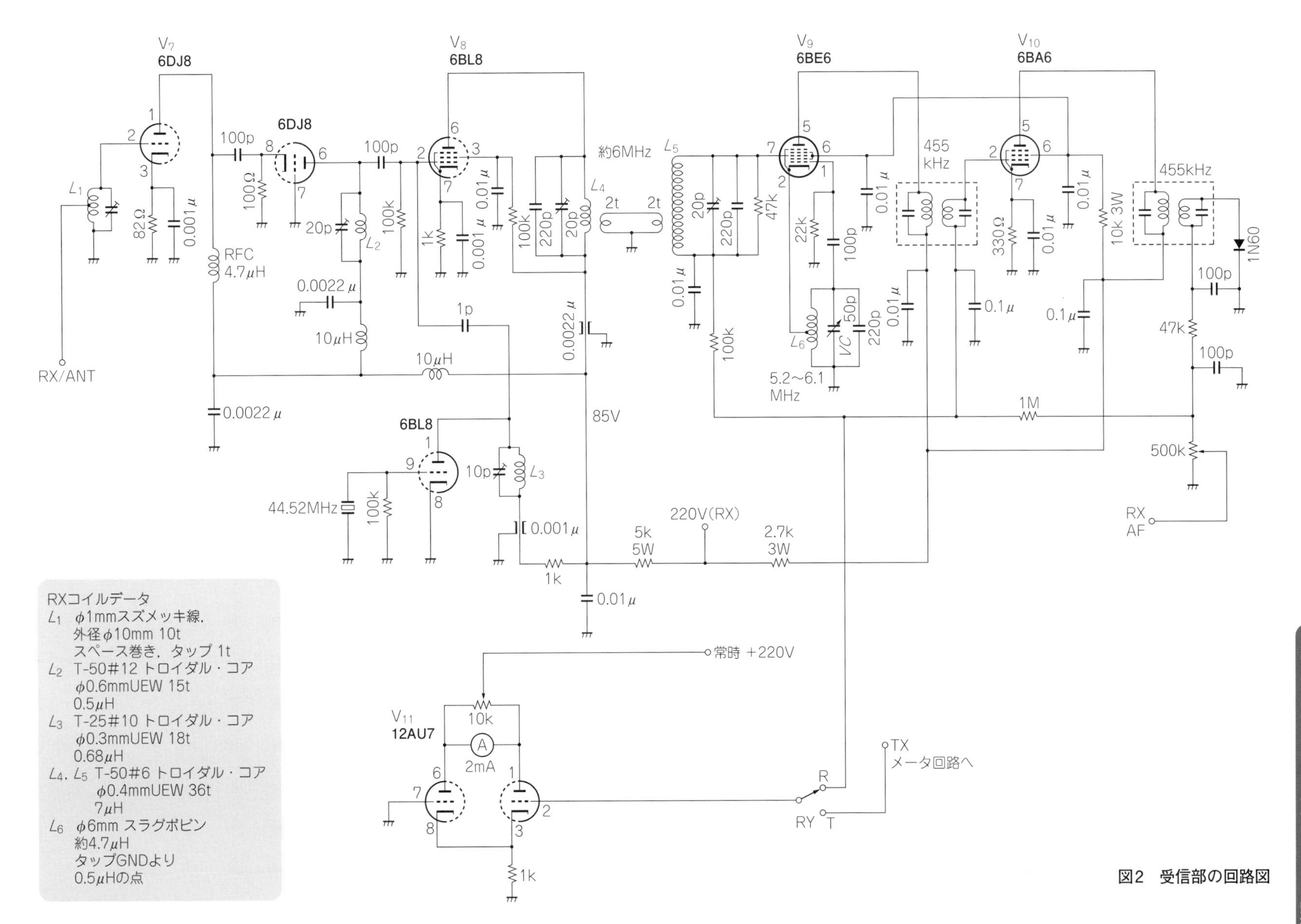
V7 6DJ8
6DJ8
V8 6BL8
6BL8
V9 6BE6
V10 6BA6
V11 12AU7
RX/ANT
RFC 4.7μH
10μH
約6MHz
5.2~6.1 MHz
44.52MHz
455 kHz
455kHz
1N60
85V
220V(RX)
常時 +220V
TX メータ回路へ
RX AF
R RY T
2mA
RXコイルデータ
L_1 φ1mmスズメッキ線,
外径φ10mm 10t
スペース巻き, タップ 1t
L_2 T-50#12 トロイダル・コア
φ0.6mmUEW 15t
0.5μH
L_3 T-25#10 トロイダル・コア
φ0.3mmUEW 18t
0.68μH
L_4, L_5 T-50#6 トロイダル・コア
φ0.4mmUEW 36t
7μH
L_6 φ6mm スラグボビン
約4.7μH
タップGNDより
0.5μHの点

図2 受信部の回路図

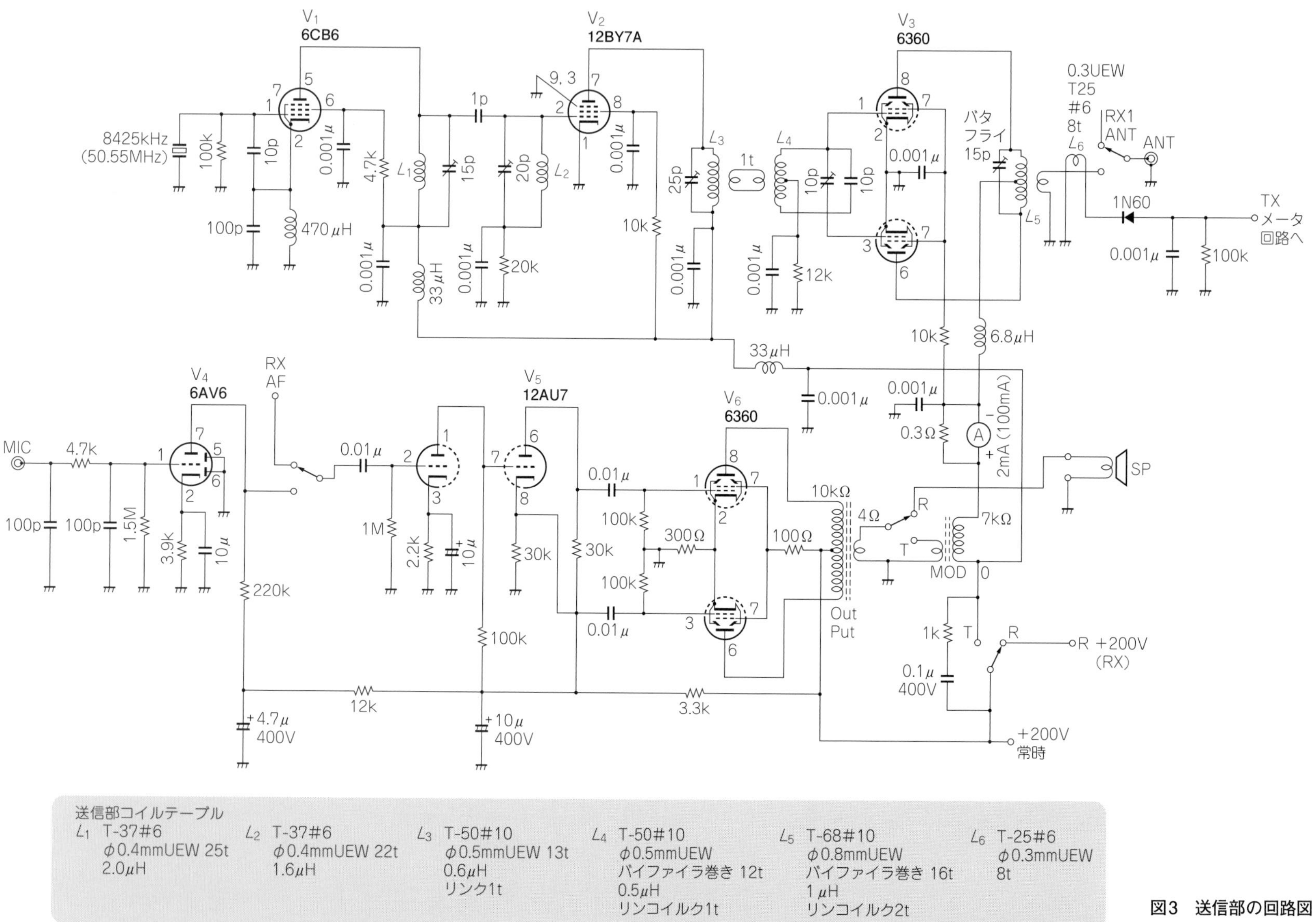
V1
6CB6
8425kHz
(50.55MHz)
100k
10p
100p
470μH
0.001μ
4.7k
L1
33μH
1p
15p
20p
L2
20k
V2
12BY7A
9.3
10k
25p
L3
1t
L4
10p
12k
V3
6360
バタフライ
15p
L5
0.3UEW
T25
#6
8t
L6
RX1
ANT
ANT
1N60
100k
TX
メータ回路へ
6.8μH
0.001μ
0.3Ω
2mA (100mA)
SP
V4
6AV6
MIC
4.7k
100p
1.5M
3.9k
10μ
RX
AF
220k
0.01μ
1M
2.2k
V5
12AU7
30k
100k
V6
6360
300Ω
100Ω
10kΩ
4Ω
7kΩ
MOD
Out
Put
1k
0.1μ
400V
R +200V
(RX)
+200V
常時
12k
3.3k
4.7μ
400V
10μ
400V
送信部コイルテーブル
L1 T-37#6 φ0.4mmUEW 25t 2.0μH
L2 T-37#6 φ0.4mmUEW 22t 1.6μH
L3 T-50#10 φ0.5mmUEW 13t 0.6μH リンク1t
L4 T-50#10 φ0.5mmUEW バイファイラ巻き 12t 0.5μH リンコイルク1t
L5 T-68#10 φ0.8mmUEW バイファイラ巻き 16t 1μH リンコイルク2t
L6 T-25#6 φ0.3mmUEW 8t

図3　送信部の回路図

写真3 最後のVHF用出力管 6360

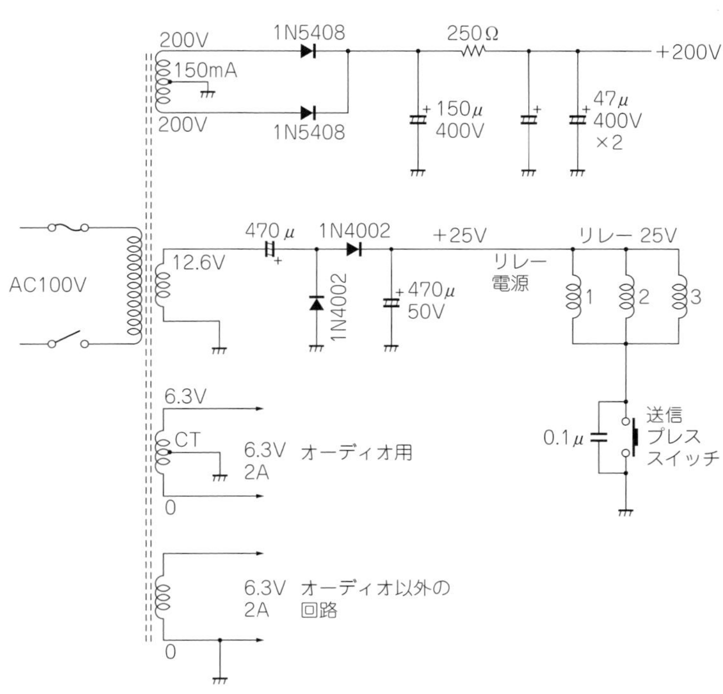

図4 電源部の回路図

本機の概要

図1(p.118)にブロック図を，**図2**(p.119)，**図3**，**図4**に回路図を示します．共用部分はAFアンプ(変調器)と電源部です．

■ 変調器

B電圧が200Vと低いので，変調器にどのような球を使うか悩みましたが，プッシュプル用の出力トランスの手持ちがあったこと，低電圧のシングルで出力の出る球の持ち合わせがなかったことなどを考え，高周波出力管と同一の6360(**写真3**)を変調管として使っています．中古の6360は，高周波で出力が出なくても低周波は出るものもあります．また，高周波で出力が低下しているものを低周波で使用する方法もあります．

- **マイクアンプ**

マイクアンプは送信専用となります．6AV6で増幅し，マイクの増幅信号と受信の音声信号はリレーによって切り替えられ，次段へ接続されます．

- **段間増幅とプッシュプル電力増幅**

双3極管の12AU7で，段間増幅とプッシュプル増幅用の位相反転を行います．ここにはプレートとカソードの出力が位相反転することを利用した位相反転回路(PK分割)を使用しました．ドライブトランスがあれば，この部分の球を減らすことができます(この場合は6AV6と同特性の12AX7を使った方が良い)．

位相変換後に6360でプッシュプル増幅を行います．10W程度の出力用なら出力トランスは何でも利用可能です．筆者は昔のハイファイ用の手持ちがあったので，この出力トランスを利用しました(p.122，**写真4**)．ここに変調トランスを使っても良いでしょう．スピーカを鳴らす必要があるので，音声用トランスは受信用と変調用に2個必要です．

■ 受信部

本機は，高周波増幅1段⇒第1周波数変換(6MHz)⇒第2周波数変換(455kHz)⇒検波と，低周波増幅のダブルスーパーヘテロダインとしています．

- **高周波増幅段**

フロントエンドは6DJ8のカスコード増幅としています．これは，50MHzプリアンプの実験で，安定したゲインがあり，S/Nも良かったので採用しました．カスコード増幅はテレビのVHF増幅に設計

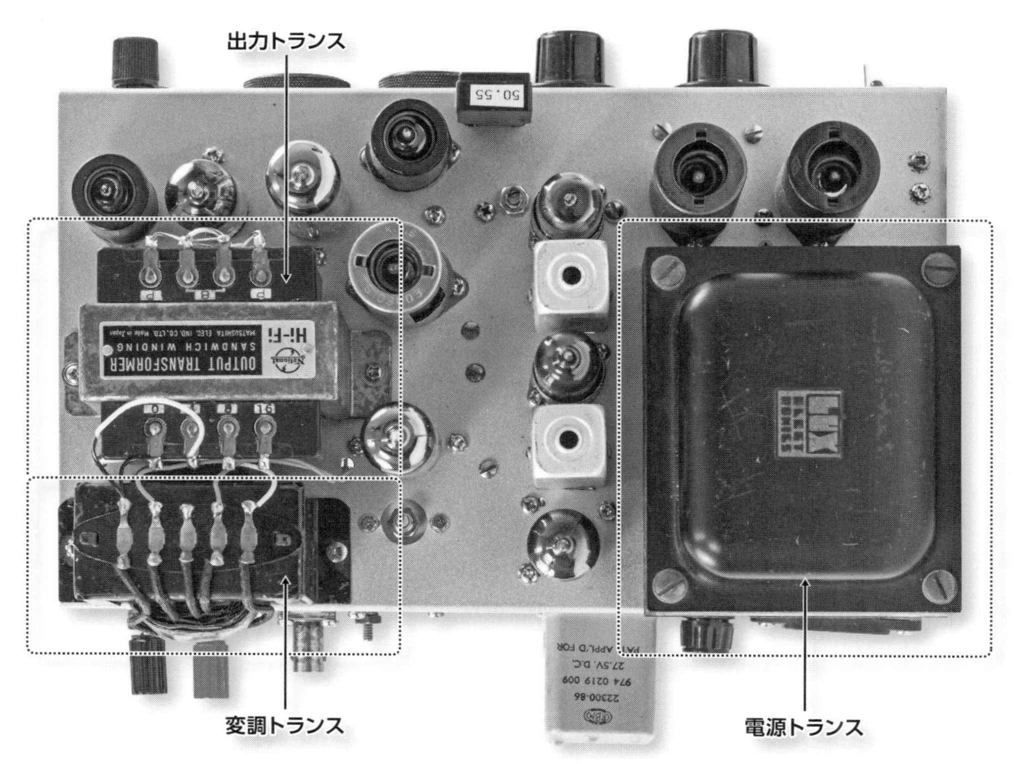

写真4　本機の上面

されたと思われ，50MHzでは安定に動作します．

- **第1局発と周波数変換**

50MHz AMは50.5～50.65MHz付近で運用されています．この周波数が確実に受信できることを目標として周波数構成を考えました．単純に455kHzをIFとした受信機では910kHzごとにイメージ妨害が発生し，15MHz以上では実用に耐えません．そこで第1IFを受信周波数の1/10くらいの6MHzとしました(受信周波数の1/10が良いといわれる)．第1IFは，第2局発の高調波が受信周波数に入らないように周波数を決定する必要があります．

第1局発と周波数変換には6BL8(3極5極管)を採用し，3極部を局発に，5極部をミキサして使用します．これはゲイン不足を考えたからです．3極管ミキサはS/Nは良いのですがゲインが取れません．7極管ミキサはノイズが多く50MHzの受信には不適です．6U8と同様，6BL8は主な目的が高周波回路のコンバータとされています．

- **第2局発とIF増幅**

ここでは7極管(6BE6)の自励コンバータとしています．多少のドリフトがありますが，AMなので問題にはならないでしょう．周波数は一般のラジオ用の455kHzです．増幅用として6BA6のカソード抵抗を6BD6の定数と同様にして使っています．BFOはAMトランシーバですから，付けませんでした．

■ 送信部

本機は発振に水晶振動子を使っています．50MHzのAM通信なら，大きなコンテストやEスポでも発生しない限り，2波くらいの水晶切り替えでほとんど問題なくQSOできます．

- **発振回路**

水晶発振回路には，現在市販の水晶振動子や古くてアクティビティーの悪い水晶もFBに発振する回路を使っています．ここでは高い周波数まで効率良く動作するハイG_mの6CB6を使っています．そして8425kHzで発振させ，3逓倍の25.275MHzを取り出します．

- **逓倍とドライバ**

25.275MHzを12BY7Aで2逓倍増幅します．

写真5
真空管ソケットにシールド板を取り付けて，容量結合を防止した終段の例

この入力と出力にそれぞれ同調回路を設けるダブル同調としてスプリアスを防いでいます．こうした逓倍を使う送信機では段間の同調が重要となります．12BY7Aの増幅回路なら高調波はローパス・フィルタで除去できますが，低調波の対策は難しい面があります．

• **終段増幅**

終段はVHF帯の出力管の最後に製造された6360をプッシュプルで使います．終段がプッシュプル回路の場合，基本波に比べ，第2高調波は50dB近く低減します．2段のローパス・フィルタを入れれば，新スプリアス規格にも適合します．

• **付加回路**

本機には，送信同調用のIPメータとパワー・メータを設けています．受信時にパワー・メータをSメータとして使用します．SメータはAGC信号を12AU7での作動増幅回路で振らせます．送信時には，小さなトロイダル・コアを使ったカレントトランスで電力の一部を取り出して検波し，Sメータ回路の作動増幅回路へ入れています．このメータ回路はメータ感度に関係なく振らすことができるのでとてもFBです．

送受信の切り替え

切り替えには，米軍ジャンクの小型シール型リレーを使っています．これは一般的な12Vのリレーでも便利に使えます．

• **B電源の切り替え**

B電流を直接断続するとアーク放電を起こし，接点を痛めてしまいます．ここには抵抗とコンデンサによる火花防止回路を入れます．これを入れないと必ず接点を痛めてしまいます．

■ 電源回路

本機はコンパクトに作るため，整流にシリコン・ダイオードを使っています．整流管も使えますが，トランスも大きくなりスペースが必要となります．これはスペースと好みで選択すれば良いでしょう．

製作のポイント

■ レイアウト

操作つまみや入出力のコネクタの位置などを考え，最適化します．われわれアマチュアは同じものを複数台製作することはないでしょう．また手持ちの部品なども多用するので，現物合わせが良いと思います．

CADなどを使っての設計も良いのですが，各パーツの寸法を正確に測らなくてはならず，少々手間が掛かります．筆者は，方眼紙上でレイアウトを決めています．

■ 使用するコイル

基本的に，本機ではマイクロメタル（アミドン）社のトロイダル・コアを使用しています．回路図には使用するコアとターン数を記載しています．トロイダル・コアは他のコイルとの結合がほとんどない

ため，近くに配置しても発振の心配をせずに，またコンパクトに実装できるのでとてもFBです．

受信部の初段に使用するL_1については，空芯コイルの方がQを倍近く取れたのでこれを使いました．そのため真空管ソケットにシールド板を立てて，入力と出力間のアイソレーションをとっています(p.123，**写真5**)．

■ 動作確認と調整

• 受信部

AF増幅回路から確認します．1kHzの信号を入れ，スピーカから聞こえれば良いでしょう．SSGで6MHzのAM信号をアンテナ端子から入力し，L_6を同調させて455kHzのIFTを最大音量に調整します．第1局発の水晶振動子の発振を確認し，SGからの50.5MHzの信号が最大になるように，各トリマを調整します．

• 送信部

各段ともCクラスのセルフバイアス方式なので，1段ごとにテストが必要です．これを怠ると過電流で球を壊します．ここでは，水晶発振回路から調整します．段ごとにB電圧を接続し，次段のグリッド-リーク抵抗に流れるグリッド電流が最大となるように調整すれば良いでしょう．最終的にパワー・メータを接続し，キャリアが5Wくらい出ていれば良しとします．

• 変 調

受信音が確認されているので，次は変調のチェックです．アンテナ出力端子に50MHz以上が観測できるオシロスコープをつないで変調度を観測します．出力トランスと変調トランスのタップの位置で変調度が変化するので，最も深く変調が掛かるタップに接続します．本機では最大70%の変調となりました．調整をするときは，マイク入力に1kHzの正弦波を入れて行うと良いでしょう．5W出力ですが，終段プレートスクリーン・グリッド同時変調なので大変聞きやすいAM波となります．

あとがき

筆者はこのトランシーバを作り上げるのに，およそ半年間も試行錯誤を繰り返しました．最近は若い時のように寝ないで組み上げる元気がなくなってしまいました．しかし，じっくり考えながら少しずつ製作すれば必ず完成します．コツは最初から小型化を狙わず，段間ごとに仕上げることでしょう．皆さんもトランシーバの製作に挑戦してみませんか．

Column ❶ 低周波トランスの鉄芯

電源トランスを含めた低周波トランスのコアには，「EIコア」と呼ばれるE型コアとI型コアの組み合わせが使われています(**図A**)．そのEIのコアを交互に組み上げたものが，**図A(b)** に示すラップ・ジョイントです．直流が流れることがない電源トランスには，**図A(b)** に示すラップ・ジョイントが使用されています．

ラップ・ジョイントのトランスに直流を流すと鉄芯のμが低下して，低域が100Hzで1kHzに対して十数dB以下に低下する場合があります．これはこれで通信用として適した特性になることもありますが，正しい使い方ではありません．出力トランスはプレートに対して直流を流す必要があるのです．出力トランスは適材適所で選択する必要があります．

また低周波増幅器の周波数特性を測るには，最大出力ではなく，よく聞く音量（スピーカによって異なるが，10～100mW程度）で測る方が良いでしょう．最大出力で聞くことはほとんどどないのですから．

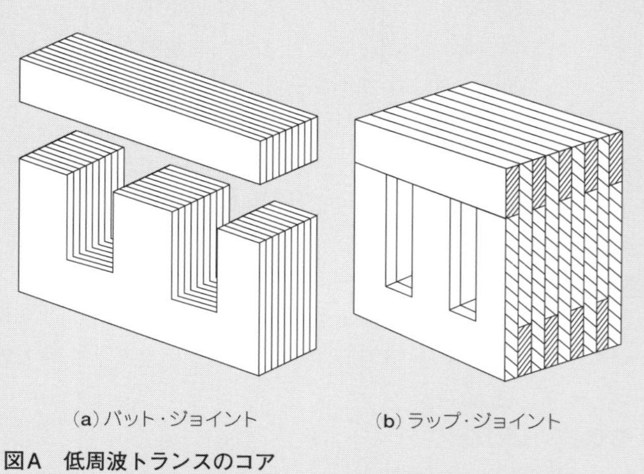

図A　低周波トランスのコア

筆者紹介

● JAØBZC　**矢花 隆男**（やばな たかお）

1965年　JAØBZC 開局

1971年　144MHz帯 SSBで15局とのQSO達成（東京にて）

1972年　日本で最初の430MHz帯 SSBのアマチュア無線局免許を取得

1973年　日本でSSTVが許可され，最初に運用が認められた一団の一人

1979年　430MHz帯 アマチュアTV（NTSC）で日本最長の交信記録達成（相手局 JA5DDQ）

1981年　NHK 19時のニュース（全国放送）で米国（K6AEP）とのSSTV交信が放映される

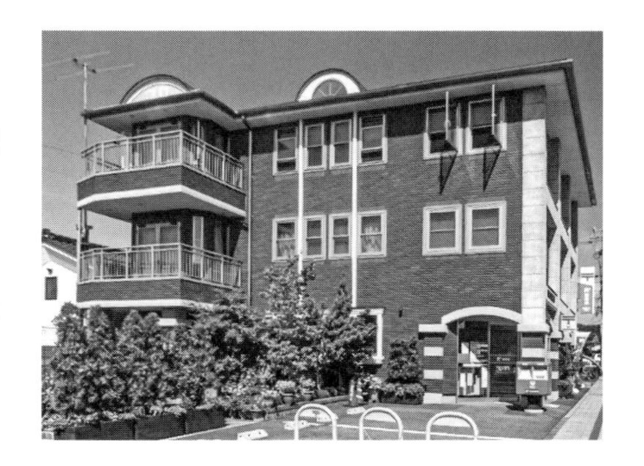

初出一覧

（特に断りのない限り，掲載誌は月刊CQ ham radioを指す）

第1章　　2020年8月号　別冊付録 第1章 真空管の歴史（pp.2-15）

第2章　2-1　2020年8月号　別冊付録 第5章 2極管を使った直流電源（pp.22-25）

2-2　2020年8月号　別冊付録 第6章 真空管を使ったアンプを作ってみよう（pp.26-29）

2-3　2020年1月号　連載 真空管で遊ぶクラフトワーク
[第1回] 3極結合ステレオ・アンプ（pp.152-157）

第3章　3-1　2018年1月号　連載 受信機で遊ぼう　[第1回] 自作に必要な測定器（pp.148-153）

3-2　2018年2月号　連載 受信機で遊ぼう　[第2回] 自作に必要な測定器 ②（pp.128-133）

第4章　4-1　2017年5月号　連載 受信機で遊ぼう　[第5回] 同調回路と包絡線検波（pp.128-133）

4-2　2017年7月号　連載 受信機で遊ぼう　[第7回] 再生式ラジオ受信回路（pp.128-133）

4-3　2019年12月号　連載 自作で遊ぶアマチュア無線
[第12回] 真空管を使った7MHz 0-V-X受信機（pp.134-138）

第5章　5-1　2018年3月号　連載 受信機で遊ぼう　[第3回] 周波数変換について（pp.132-137）

5-2　2017年10月号　連載 真空管で遊ぼう　[第10回] 中間周波増幅回路（pp.124-129）

5-3　2020年8月号　別冊付録 第8章 ジャンクラジオを4球スーパーに作り変える
(pp.36-41)

5-4　2018年12月号　連載 受信機で遊ぼう
[第12回] 7MHz SSB受信機の概要（pp.126-131）

第6章　6-1　2020年8月号　別冊付録 第9章 7MHz QRP送信機（pp.42-47）

6-2　2019年4月号　連載 自作で遊ぶアマチュア無線
[第4回] 単球50MHz送信機と6AQ5ハイシング変調器（pp.130-134）

6-3　2019年8月号　連載 自作で遊ぶアマチュア無線
[第8回] 807で作る7MHz（10W）CW/AM送信機（pp.134-138）

6-4　2019年11月号　連載 自作で遊ぶアマチュア無線
[第11回] 6146Bを使った単球リニア・アンプと2球送信機（pp.134-138）

6-5　2020年12月号　連載 真空管で遊ぶクラフトワーク
[第12回] 50MHz AMトランシーバの製作（pp.128-133）

索引

数字

アルファベット

あ・ア行

か・カ行

さ・サ行

た・タ行

な・ナ行

は・ハ行

ま・マ行

ら・ラ行

球で試す小宇宙
現代版 真空管入門

2022年 5 月10日　初版発行
2022年 9 月 1 日　第2版発行

著　者　矢　花　隆　男
発行人　櫻　田　洋　一
発行所　CQ出版株式会社
〒112-8619　東京都文京区千石4-29-14
電話　編集 03-5395-2149
販売 03-5395-2141
振替　00100-7-10665

乱丁，落丁本はお取り替えします
定価はカバーに表示してあります

ISBN978-4-7898-1945-9
Printed in Japan

編集担当者　榎木澤千裕
デザイン・DTP　近藤企画
印刷・製本　三晃印刷㈱